獣医学教育モデル・コア・カリキュラム準拠

眼科学

長谷川貴史　印牧信行　編

獣医学共通テキスト編集委員会認定

序　文

　近年、獣医師に対する社会的要求は広範囲にわたるだけでなく国際的にもなってきています。例えば、伴侶動物を対象とした高度獣医療の提供、世界的な規模での食の安定供給とその安全の確保、動物や人獣共通の感染症対策、などです。そのため、わが国においても国際基準を満たす質の高い獣医師を養成する必要があり、日本の獣医学教育における統一指針としての獣医学教育モデル・コア・カリキュラムが策定されました。

　獣医学教育モデル・コア・カリキュラムには獣医学生が修得すべき基本的項目が科目ごとに記載されています。また、重要な項目は、従来の科目から独立させています。眼科学もこのような科目の一つです。眼科学は外科学や内科学のなかでわずかに触れられる程度で、決して十分な内容を教育してきたとはいえません。そのため、多くの獣医師は、大学卒業後、近年の社会的要求を満たすために多大な努力をせざるをえない状況にありました。しかし、このような努力にもかかわらず系統的教育を受けていないという障害がいまだいたるところで見受けられます。例として、盲導犬の視覚機能診断が早期にできなかった、安易な診断・治療で動物の視覚を喪失させてしまった、新薬開発時に必要な薬剤の視覚毒性評価に苦労した、などの事象があげられます。獣医学教育モデル・コア・カリキュラムのなかに眼科学という項目が新たに確立されたことは大変有意義なことです。このモデル・コア・カリキュラムが策定されたことで眼科学を十分に教育することが可能となりました。さらに、このモデル・コア・カリキュラムに準拠した教科書の発刊によって系統的かつ統一性を有する獣医学教育が可能となり、上記のような弊害が早期に解消されるものと期待しています。また、しっかりと基礎を身につけておけば、それ以後の発展・飛躍がしやすいといった利点もあるでしょう。本書は、眼・視覚器系の構造と生理、ならびに視覚機能に障害を及ぼす眼科疾患の原因、病態、臨床症状、診断法、治療法、予後判定、予防法を系統的かつ体系的に学習することを目的に書かれています。また、従来の教科書と異なり、模式図や写真を多用することによって視覚的にも理解しやすい構成になっています。本書を最大限活用して獣医眼科学の基礎を身につけ、臨床獣医学あるいは比較眼科学の分野で若い獣医師が日本国内のみならず世界において大いに活躍することを切に願っております。なお、本書では実験動物の眼科学を取り扱う余裕がありませんでしたが、『獣医・実験動物眼科学』（第1章参考図書20）が刊行されたため、こちらを参照いただきたいと思います。

　最後に、本書の作成にあたりインターズー（現エデュワードプレス）社編集部のあたたかく忍耐強いご支援に心から感謝を申し上げます。

　　　　　　　　　　　　2014年12月　獣医眼科学の大いなる発展を祈念して。

　　　　　　　　　　　　　　　　　　　　　　　　　　　　　　　　　　著者一同

編者／著者一覧

編者：

長谷川貴史（はせがわ　たかし）
大阪公立大学大学院 大学院獣医学研究科 獣医学専攻　教授
獣医師、農学博士、アジア獣医眼科専門医（アジア獣医眼科学会）、日本小動物外科設立専門医（獣医麻酔外科学会）

印牧信行（かねまき　のぶゆき）
麻布大学　名誉教授
獣医師、獣医学博士、日本獣医眼科専門医（比較眼科学会）、アジア獣医眼科専門医（アジア獣医眼科学会）

著者：

金井一享（かない　かずたか）
北里大学 獣医学部 獣医学科 小動物第2内科学研究室　教授
獣医師、獣医学博士、日本獣医眼科専門医（比較眼科学会）、アジア獣医眼科専門医（アジア獣医眼科学会）

印牧信行　前出

長谷川貴史　前出

前原誠也（まえはら　せいや）
ひかり町動物眼科
獣医師、獣医学博士、アジア獣医眼科専門医（アジア獣医眼科学会）

余戸拓也（ようご　たくや）
日本獣医生命科学大学 獣医学部 獣医学科 臨床獣医学部門 治療学分野II 獣医外科学研究室　講師
獣医師、獣医学博士、日本獣医眼科専門医（比較眼科学会）

コンテンツ

序　文 iii

編者／著者一覧 v

コンテンツ vi

略語一覧 x

第1章　眼・視覚器系の構造と機能および眼科疾患の臨床症状 （長谷川貴史） .. 2

1-1　眼・視覚器系の構造と機能 2
1. 眼球とその付属器の構造と生理機能 2
2. 眼球運動のしくみ 14
3. 視覚情報の受容のしくみとその伝達経路 14
4. 眼科領域の神経系 17

1-2　眼科疾患の臨床症状 19
1. 眼科疾患の一般的な臨床症状 19

演習問題 25

第2章　眼科検査および眼科手術 （前原誠也） 28

2-1　眼科検査 28
1. 問　診 28
2. 身体検査 29
3. 角膜反射 29
4. 眼瞼反射 30
5. 対光反射 30
6. 眩目反射 31
7. 視覚の検査 32
8. 涙液試験 34
9. 細隙灯顕微鏡検査 35
10. 生体染色検査 36
11. 細胞診 37
12. 眼圧測定 37
13. 隅角検査 38
14. 眼底検査 38
15. 超音波検査 39
16. X線検査 39
17. CT検査 40
18. MRI検査 40
19. 網膜電図検査 40

20.	視覚誘発電位	41
21.	蛍光眼底造影検査	41

2-2 眼科手術 43
1. 眼科手術用器具 43
2. 眼科手術用薬剤 47
3. 眼科手術法 49

演習問題 54

第3章　眼球外の疾患 (金井一享) 58

3-1 眼窩の疾患 58
1. 眼窩膿瘍または眼窩蜂窩織炎 59
2. 咀嚼筋炎または好酸球性筋炎 59
3. 外眼筋炎 60
4. 外傷性眼球突出および外傷性眼球脱出 60
5. その他の眼窩疾患 62
6. 眼窩の腫瘍 62

3-2 眼瞼の疾患 63
1. 眼瞼内反症 63
2. 眼瞼外反症 64
3. 睫毛疾患／異常睫毛 65
4. 眼瞼炎 67
5. 兎　眼 69
6. 眼瞼の腫瘍 69

3-3 瞬膜の疾患 71
1. 瞬膜（第三眼瞼）突出 71
2. 瞬膜（第三眼瞼）腺脱出 71
3. 瞬膜の外転 72
4. 瞬膜（第三眼瞼）の腫瘍 74

3-4 結膜の疾患 75
1. 結膜炎 75

3-5 涙器系の疾患 80
1. 乾性角結膜炎 80
2. 鼻涙管狭窄 82

演習問題 85

コンテンツ

第4章　角強膜および眼球内の疾患 (4-1：長谷川貴史、4-2〜4-6：余戸拓也) 88
4-1 角膜と強膜の疾患 88
1. 角膜炎 88
2. 角膜分離症（猫） 96
3. 角膜変性症と代謝性浸潤 97
4. 角膜ジストロフィー（角膜異栄養症）.....................97
5. 上強膜炎および強膜炎 98
6. 角強膜の腫瘍 100

4-2 緑内障 101
1. 定　義 101
2. 原因・病態 101
3. 臨床症状 102
4. 診　断 102
5. 治　療 103

4-3 ぶどう膜の疾患 105
1. 虹彩萎縮 105
2. 瞳孔膜遺残 105
3. ぶどう膜嚢胞 106
4. ぶどう膜炎 107
5. 前房出血 109
6. 前房蓄膿 110
7. ぶどう膜の腫瘍 110

4-4 水晶体の疾患 112
1. 白内障 112
2. 核硬化症 115
3. 水晶体脱臼 115

4-5 硝子体の疾患 117
1. 硝子体動脈遺残 117
2. 第一次硝子体過形成遺残／水晶体血管膜過形成遺残 117
3. 硝子体液化 118
4. 硝子体出血 118

4-6 網膜と脈絡膜の疾患 120
1. コリー眼異常 120
2. 網膜変性症／進行性網膜萎縮症 120
3. 網膜剥離 121
4. 網膜出血 122
5. 突発性後天性網膜変性症 123
6. 視神経浮腫／視神経乳頭浮腫 123

演習問題 126

第5章　その他の眼科疾患 (印牧信行) ... 130

- 5-1　神経眼科疾患 ... 130
  1. 視神経炎 ... 130
  2. ホルネル症候群 ... 131
  3. 視覚障害 ... 132
- 5-2　遺伝性ならびに先天性疾患 ... 133
  1. 遺伝性眼疾患 ... 133
  2. 先天性眼疾患 ... 135
- 5-3　腫瘍性疾患 ... 138
  1. メラノーマ（黒色腫） ... 138
  2. 扁平上皮癌 ... 139
  3. リンパ腫 ... 139
- 演習問題 ... 142

索　引 ... 146

略語一覧

A
AC（anterior chamber）　　　　　　　　前房（前眼房）
ANA（antinuclear antibody）　　　　　　抗核抗体
App（appetite）　　　　　　　　　　　　食欲

B
bid（twice a day）　　　　　　　　　　　1日2回（投与）
BUT（tear film breakup time）　　　　　涙液層破壊時間
Bx（biopsy）　　　　　　　　　　　　　生検

C
CAI（carbonic anhydrase inhibitor）　　炭酸脱水酵素阻害薬
CAV（canine adenovirus）　　　　　　　犬アデノウイルス
CBC（complete blood count）　　　　　完全血球計算
CC（chief complaint）　　　　　　　　　主訴
CCC（continuous circular capsulorrhexis）　連続環状嚢切開
CE（corneal endothelium）　　　　　　　角膜内皮
CL（contact lens）　　　　　　　　　　　コンタクトレンズ
CEA（collie eye anomaly）　　　　　　　コリー眼異常
CPC（cyclophotocoagulation）　　　　　毛様体光凝固術
CPRA（central progressive retinal atrophy）　中心性進行性網膜委縮
CRH（chorioretinal hypoplasia）　　　　脈絡膜網膜低形成
CRT（capillary refill time）　　　　　　　毛細血管再充満時間

D
D（diopter）　　　　　　　　　　　　　ジオプトリー（屈折度）
DDx（differential diagnosis）　　　　　鑑別診断
DMSO（dimethyl sulfoxide）　　　　　　ジメチルスルホキシド
DM（diabetes mellitus）　　　　　　　　糖尿病
Dx（diagnosis）　　　　　　　　　　　　診断

E
EDTA（ethylenediamine tetra-acetic acid）　エチレンジアミン四酢酸（エデト酸）
EOD（every other day）　　　　　　　　1日おき、隔日
ERD（early retinal degeneration）　　　早期発症網膜変性

ERG（electroretinogram） 網膜電図
ERU（equine recurrent uveitis） 馬再発性ぶどう膜炎

F
FeLV（feline leukemia virus） 猫白血病ウイルス
FHV（feline herpesvirus） 猫ヘルペスウイルス
FIP（feline infectious peritonitis） 猫伝染性腹膜炎
FIV（feline immunodeficiency virus） 猫免疫不全ウイルス
FNA（fine needle aspiration） 細針吸引生検

G
GME（granulomatous meningoencephalomyelitis） 肉芽腫性髄膜脳脊髄炎
gtt（drops <guttae>） 点眼

H
Hx（history） 病歴

I
IBK（infectious bovine keratoconjunctivitis） 牛伝染性角結膜炎
IBR（infectious bovine rhinotracheitis） 牛伝染性鼻気管炎
ICH（infectious canine hepatitis） 犬伝染性肝炎
IFN（interferon） インターフェロン
IL（interleukin） インターロイキン
IM または im（intramuscular injection） 筋肉（内）注射
IOL（intraocular lens） 眼内レンズ
IOP（intraocular pressure） 眼圧
IP または ip（intraperitoneal） 腹腔内
IT または it（intratracheal） 気管内
IV または iv（intravenous injection） 静脈（内）注射

K
K9（canine） 犬
KCS（keratoconjunctivitis sicca） 乾性角結膜炎

L
LIU（lens-induced uveitis） 水晶体起因性（水晶体原性）ぶどう膜炎

略語一覧

lm（lumen） ルーメン
lx（lux） ルクス

M
mmHg（milimeter of mercury） ミリメートル水銀柱
MMP（matrix metalloproteinase） マトリックスメタロプロテイナーゼ

N
Nd-YAG laser（neodymium:yttrium, aluminum, and garnet laser） ネオジウム-イットリウム-アルミニウム-ガーネット　レーザー（ネオジウムヤグレーザー）
NSAID（nonsteroidal anti-inflammatory drug） 非ステロイド性抗炎症薬

O
OCR（oculocardiac reflex） 眼心臓反射
OD（oculus dexter） 右眼
OP（oscillatory potential） 律動様小波
OS（oculus sinister） 左眼
OU（oculus uterque） 両眼

P
PCV（packed cell volume） ヘマトクリット値
PG（prostaglandin） プロスタグランジン
PHA（persistent hyaloid artery） 硝子体動脈遺残
PHPV（persistent hyperplastic primary vitreous） 第一次硝子体過形成遺残
PHTVL（persistent hyperplastic tunica vasculosa lentis） 水晶体血管膜過形成遺残
PLD（pectinate ligament dysplasia） 櫛状靭帯異形成
PLR（pupillary light reflex） 対光反射（瞳孔対光反射）
PO または po（per os） 経口
PPM（persistent pupillary membrane） 瞳孔膜遺残
PRA（progressive retinal atrophy） 進行性網膜委縮
PU/PD（polyuria and polydipsia） 多飲多尿
Px（prognosis） 予後

Q
q（every） 毎、ごと（q 2hr：2 時間毎）
qid（four times a day） 1 日 4 回（投与）

R
rcd（rod-cone dysplasia） 杆体 - 錐体異形成
R/O（rule out） 除外（除外する）
Rx（prescription） 処方

S
SARDS（sudden acquired retinal degeneration syndrome） 突発性後天性網膜変性症候群
SC または sc（subcutaneous injection） 皮下注射
SG（specific gravity） 比重
sid（once a day） 1 日 1 回（投与）
SLE（systemic lupus erythematosus） 全身性エリテマトーデス（全身性紅斑性狼瘡）
SQ または sq（subcutaneous injection） 皮下注射
Sx（surgery） 手術
STT（Schirmer tear test） シルマー涙液試験

T
tid（three times a day） 1 日 3 回（投与）
tPA（tissue plasminogen activator） 組織プラスミノゲン活性化因子
Tx（treatment） 処置

U
UA（urinalysis） 尿検査
US（ultrasound） 超音波

V
VEP（visual evoked potential） 視覚誘発電位
VF（visual field） 視野
VKH（Vogt-Koyanagi-Harada syndrome） フォークト - 小柳 - 原田症候群

獣医学教育モデル・コア・カリキュラム準拠

眼科学

長谷川貴史　印牧信行　編

眼科学モデル・コア・カリキュラムにおける全体目標

　眼・視覚器系の構造と生理機能を理解し、視覚機能に障害を及ぼす眼科疾患の原因、病態、臨床症状、診断法、治療法、予後判定および予防法を学ぶ。

※本書では、主に臨床で用いられている用語を表記しているため、日本における正式な解剖学用語に関しては獣医解剖学用語集を参照のこと。

第1章 眼・視覚器系の構造と機能および眼科疾患の臨床症状

著：長谷川貴史

一般目標

眼・視覚器系の構造と機能および眼科疾患で観察される臨床症状を理解する。

1-1 眼・視覚器系の構造と機能

到達目標 眼球とその付属器の構造と生理機能、眼球運動のしくみ、視覚情報の受容のしくみとその伝達経路、眼の反射系も含めた眼科領域の神経系を説明できる。

キーワード 眼瞼、結膜、瞬膜（第三眼瞼）、涙器・鼻涙管系、角膜・強膜、隅角（虹彩・角膜角）、水晶体、前部ぶどう膜（虹彩、毛様体）、後部ぶどう膜（脈絡膜）、硝子体、網膜、眼筋などを含めた眼窩構造、視覚とその伝達経路、神経眼科（眼科神経系）

1. 眼球とその付属器の構造と生理機能

■眼球の発生

　眼球（eye ball）の発生模式図を図1-1に、犬の正常な眼球発生過程を表1-1に示した。

　神経溝（neural groove）の両側に外胚葉由来の神経ひだ（neural fold）ができ、これらが融合して神経管（neural tube）がつくられる（図1-1a）。神経管前部膨大部の第一次脳胞（primary cerebral vesicle）最前部から前脳（forebrain）が形成され、その神経溝両側に眼の原基（眼小窩）ができる。これが外側に拡張して眼胞（optic vesicle）となり（図1-1a、b）、その周囲は間葉組織に取り囲まれる（将来の視神経鞘）。眼胞表面は陥凹して内外壁を有する眼杯（optic cup）（図1-1c1）と、それをもたない眼胞茎となる（図1-1b）。眼杯腹側には眼杯裂（optic fissure）ができ（図1-1c2）、その前面に表層の外胚葉から水晶体原基が形成される。水晶体原基（図1-1b）は水晶

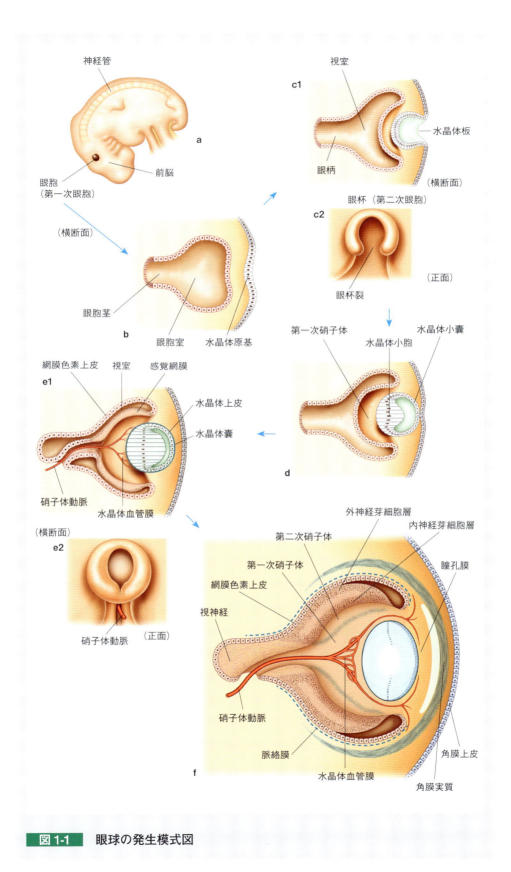

図 1-1　眼球の発生模式図

表 1-1 犬の正常な眼球発生過程（一部、犬以外の動物の記述を含む）

受精後 15 日	眼胞と水晶体板の形成
受精後 19 日	眼杯形成
受精後 25 日	角膜上皮・固有層、水晶体胞、第一次硝子体、硝子体の血管系、網膜内層・外層、強膜線維組織の形成、ならびに網膜外層への色素移入
受精後 26 日	第二次硝子体と硝子体動脈の形成
受精後 28 日	眼瞼形成
受精後 30 日	水晶体血管膜、網膜神経線維層、脈絡膜血管の形成
受精後 32 日	角膜内皮、瞬膜、虹彩縁・虹彩血管輪の形成と結膜杯細胞の出現
受精後 35 日	前房形成と水晶体嚢の完成
受精後 40 日	眼瞼被毛・眼輪筋、毛様体突起、脈絡膜血管網、強膜・外眼筋の形成、ならびに脈絡膜への色素移入
受精後 45 日	デスメ膜と第三次硝子体の形成、虹彩支質への色素移入、硝子体動脈の萎縮開始
受精後 51 日	結膜円蓋における分泌腺、瞳孔括約筋、網膜血管の形成
受精後 56 日	毛様体筋、タペタム細胞の形成、前房隅角の発達
出生時	犬と猫以外の動物の開瞼時期
生後 1 日	瞳孔散大筋、網膜杆体錐体層の形成
生後 7 日	網膜外網状層の形成
生後 10 〜 14 日	犬と猫の開瞼時期
生後 14 日	水晶体血管膜、瞳孔膜の消失
生後 16 日	角膜上皮の重層化
生後 6 〜 7 週	犬の網膜の形態と機能が成体と同様になる
生後 5 カ月	猫の網膜の形態と機能が成体と同様になる

体板（lens placode）となり（図 1-1c1）、さらに水晶体小囊、水晶体小胞（lens vesicle）となって外胚葉から分離する（図 1-1d）。一方、眼杯と水晶体原基の間に眼杯裂から中胚葉が入って第一次硝子体（primary vitreous）が形成されるとともに硝子体動脈（hyaloid artery）も進入する（図 1-1d、e1、e2）。第一次硝子体は第二次硝子体（図 1-1f）が形成されると退縮する。また、眼杯裂は発育とともに閉鎖する。硝子体動脈は、その後、網膜以外の分枝が退縮して網膜中心動脈（central retinal artery）となる。網膜中心動脈は、最終的に網膜中心静脈（central retinal vein）とともに視神経軸索に取り囲まれる。眼杯内壁から視細胞などの神経系細胞が分化して将来の網膜を形成し、眼杯外壁は網膜色素上皮層となる（図 1-1e1、f）。神経節細胞の軸索は眼茎壁内を伸張し、その線維が増大して視神経を形成する（図 1-1f）。眼杯を取り囲んでいる間葉組織は2層構造で、外層から強膜が、内層から脈絡膜が形成される。水晶体ができると眼杯を覆っていた間葉組織から前層と後層が形成され、前者は角膜実質（固有層）に、後者は瞳孔膜から瞳孔に、両者の間は前房になる（図 1-1f）。なお、角膜外層は体表の外胚葉から、毛様体は眼杯と周囲の脈絡膜から形成される（図 1-1f）。

■眼球とその付属器の構造と生理機能

眼球全体の構造模式図を図 1-2 に示した。

眼球は、外層の線維膜である角膜と強膜、中間層の眼球血管膜（vascular tunica of the eyeball；虹彩、毛様体、脈絡膜からなるぶどう膜）、内層の網膜という3つの膜成分で構成されている。この中に水晶体、房水（水晶体前方の角膜側に存在）、硝子体（水晶体後方の感覚網膜側に存在）が存在する。眼球の付属器（副眼器；accessary organ of the eye ともいう）には、眼瞼、睫毛、瞬膜（第三眼瞼）、結膜、涙器・鼻涙管、外眼筋、上強膜、テノン囊（結膜と強膜の間に存在する薄い結合織膜）などがある。骨および軟部組織から構成される眼窩は、眼球とその付属器を収めている。

- 眼瞼（eyelid）：眼瞼は上眼瞼（upper lid）、下眼瞼（lower lid）、内眼角（internal canthus）、外眼角（external canthus）からなり（図 1-3a）、眼球内への異物侵入を防ぐとともに眼内への光侵入を遮断している。また、眼球を保温したり、角膜の乾燥を防止したりもしている。眼瞼縁（lid margin）の睫毛（cilia）は、犬では上眼瞼の外側に2列以上あるが、猫にはそれがなく、上眼瞼の外側2/3の被毛初列がそれに相当する。犬も猫も下眼瞼には睫毛がない。眼瞼の皮下組織には横紋筋からなる眼輪筋（orbicularis muscle）とマイボーム腺（Meibomian gland）（瞼板腺；tarsal gland、皮脂腺）、および瞼板筋（tarsal muscle）を含む結合組織層がある（図 1-3b）。睫毛基部にはモル腺（Moll gland）とツァイス腺（Zeis gland）が存在する（いずれも皮脂腺、図 1-3b）。マイボーム腺は上眼瞼

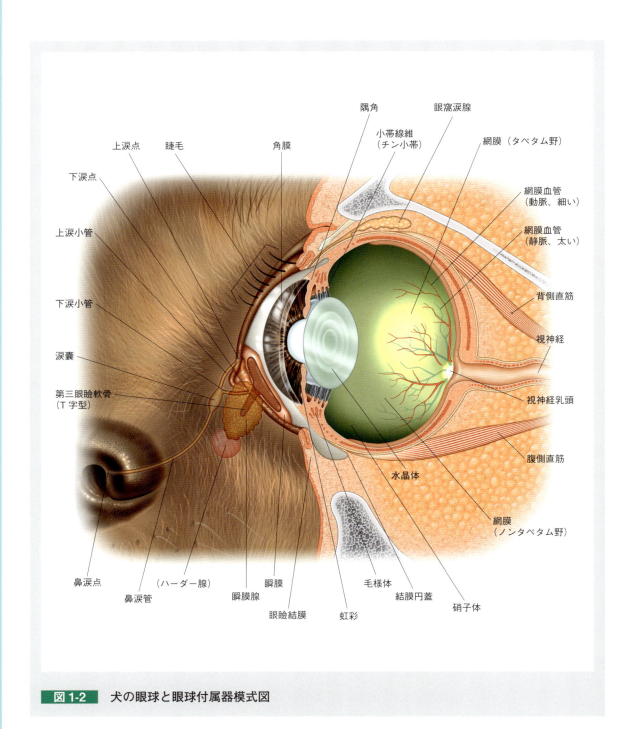

図1-2　犬の眼球と眼球付属器模式図

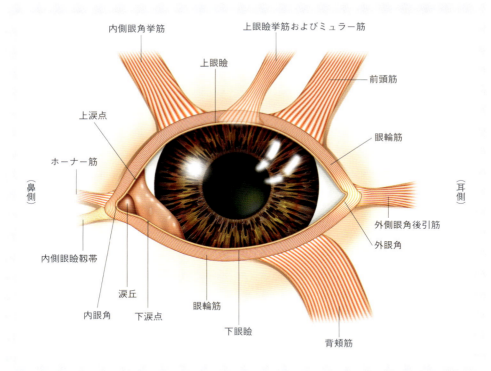

図 1-3a
眼瞼における筋肉の模式図

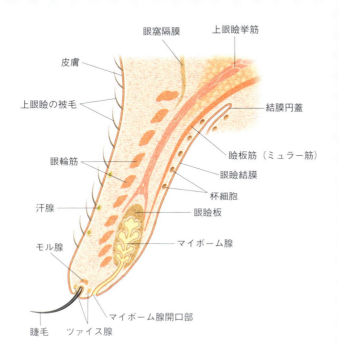

図 1-3b
眼瞼横断面の模式図

図 1-3　眼瞼の模式図

でよく発達しており、結膜を通して黄色の円柱状構造物として観察できる。
　眼瞼の動きは、眼輪筋（顔面神経；facial nerve〈第Ⅶ脳神経；cranial nerve Ⅶ、CN Ⅶ〉支配で眼瞼を閉じる）、上眼瞼挙筋（superior palpebral levator muscle、動眼神経；oculomotor nerve〈第Ⅲ脳神経；CN Ⅲ〉支配で上眼瞼を引き上げる）、瞼板筋（ミュラー筋；Müller's muscle、三叉神経；trigeminal nerve〈第Ⅴ脳神経；CN Ⅴ〉支配で上眼瞼を挙上する）、内側眼角挙筋（levator anguli oculi medialis muscle、顔面神経〈CN Ⅶ〉支配で眼窩上毛を挙上する）、外側眼角後引筋（外側眼角挙筋；retractor anguli oculi muscle、顔面神経〈CN Ⅶ〉支配で外眼角を引く）、深頸括約筋（sphincter colli profundus muscle）ならびに背頬筋（malaris muscle、顔面神経〈CN Ⅶ〉支配で下眼瞼を下に引く）によって制御されている（図1-3）。なお、反芻類では眼輪筋から分離した睫毛筋（ciliary muscle）が認められる。

- 結膜（conjunctiva）：血管とリンパ組織に富んだ薄く透明な粘膜である結膜は、杯細胞（goblet cell）を含む上皮の表層と実質の深層（固有層）からなり、眼瞼内側、瞬膜（第三眼瞼）、強膜前部を覆い、眼球を保護している。眼瞼内側と瞬膜の外部を覆う結膜を眼瞼結膜（瞼結膜；palpebral conjunctiva）、瞬膜内部と強膜前部を覆う結膜を眼球結膜（球結膜；bulbar conjunctiva）、眼瞼結膜と眼球結膜の接合部を結膜円蓋（fornix）、結膜で囲まれている領域を結膜嚢（conjunctival sac）と呼ぶ。眼瞼結膜の眼瞼縁近くにはマイボーム腺開口部が、結膜円蓋部には上皮杯細胞がある（図1-3b）。

- 瞬膜（nictitating membrane）：眼の鼻側下方（内眼角下方）には瞬膜（第三眼瞼；third eyelid）が存在し、T字型の第三眼瞼軟骨垂直部を包むように瞬膜腺（gland of the nictitating membrane、第三眼瞼腺；gland of the third eyelid）が存在する（図1-2）。犬や猫には存在しないが、牛、豚、兎、げっ歯類、鳥類、ヘビなどでは瞬膜腺深部にハーダー腺（Harderian gland）が存在する。瞬膜は角膜を保護し、涙液を産生する。

- 涙器（lacrimal apparatus）：涙器は、涙液を産生する涙腺（lacrimal gland）と各分泌腺、ならびにその排出系である鼻涙管（nasolacrimal duct）系で構成されている。
涙腺は瞬膜腺と背外側眼窩骨膜下に存在する眼窩涙腺（orbital lacrimal gland）からなる（図1-2）。涙液層（涙膜；tear film）は表層から脂質層（lipid layer）、水層（aqueous layer）、粘液層（mucous layer）の3層で構成されており、その厚みは7〜9μmである（図1-4）。脂質層の脂質はマイボーム腺、モル腺、ツァイス腺から分泌され、涙液の蒸散を防いでいる。水層は瞬膜腺と眼窩涙腺から分泌され、涙液層のほとんどを占めている。粘液層の粘液は結膜の杯細胞、クラウゼ腺（Krause gland）、ウォルフリング腺（Wolfring gland）、マンツ腺（Manz

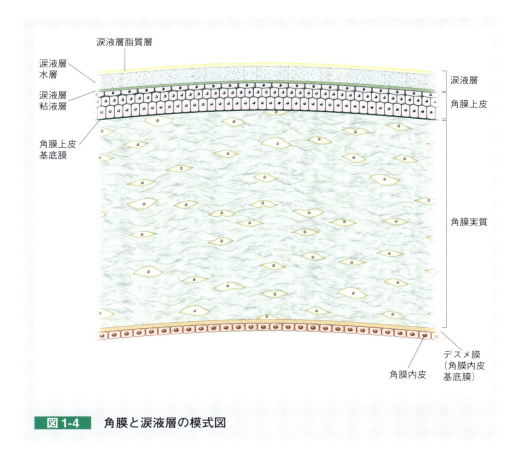

図1-4 角膜と涙液層の模式図

gland）から分泌され、ムチンを含み、角膜上皮と涙液層を接着させている。また、粘液層には白血球、ライソゾーム、リゾチームが含まれる。涙液層は角膜の乾燥防止や栄養供給、免疫的防御壁として作用する。

涙の排出系は、上・下の涙点（upper/lower punctum）とそれぞれの涙小管（lacrimal canaliculus）、鼻涙管からなり、最終的に鼻部の鼻涙点（nasal punctum）から排出される（図1-2）。なお、兎には上涙点がない。

- 眼球外層線維膜：眼球外層は、透明な角膜（cornea）とそれ以外の白色不透明な強膜（sclera）に覆われている。

角膜は、表層から上皮（epithelium、角膜前上皮；anterior epithelium of the cornea）、基底膜（basement membrane、前境界板；anterior limiting membrane）、実質（stroma、固有質；proper substance of the cornea）、デスメ膜（Descemet's membrane、後境界板；posterior limiting membrane）、内皮（endothelium、角膜後上皮；posterior epithelium of the cornea）の5層で構成され（図1-4）、その厚みは動物種や部位によって異なるが、犬や猫では約0.6〜0.8 mmで中心

部が周辺部よりわずかに薄くなっている。角膜上皮細胞の分裂速度は速く、交代周期は約1週間である。角膜実質の膠原線維（collagen fiber）は同一平面内では平行に、垂直面では互いに直角に配列している。線維が規則正しく配列していること、角膜内皮の作用で脱水状態が維持されていること、無血管であることによって角膜は透明性を維持している。デスメ膜は脂質に富み、疎水性である。角膜内皮細胞は分裂速度が遅く、交代周期は1年以上である。角膜には三叉神経からの長毛様体神経が実質と上皮細胞間に分布している。

強膜は膠原線維が不規則に配列しているため不透明で、輪部（limbus、角膜縁；limbus of the cornea）のわずかな色素沈着部を除いて白色である。強膜は表層より上強膜層（上強膜；episclera）、実質（固有層；sclera proper）、強膜内層（inner zone of the sclera）の3層からなり、上強膜層には末梢神経と小血管が存在する。実質は膠原線維で構成されている。強膜内層は弾力性に富み、強膜褐色板（lamina fusca）とも呼ばれている。強膜の厚みは赤道部（equator bulbi oculi）に向かって薄くなり、赤道部で最も薄くなるが、赤道部から視神経に向かって再度厚みを増していく。

- 前（眼）房（anterior chamber）/ 房水（aqueous humor）/ 隅角（iridocorneal angle）：角膜内側には房水で満たされた前房が存在する。

房水は毛様体動脈（ciliary artery）から滲出してくるリンパ液であるが、血漿に比較してタンパク質濃度は低く（グロブリンが極めて少ない）、炭酸水素ナトリウム（$NaHCO_3$）が多く含まれる。房水は毛様体突起上皮細胞での能動的分泌、拡散、限外濾過によって産生されている。能動的分泌には毛様体無色素上皮細胞に含まれる炭酸脱水酵素やNa^+-K^+ ATPaseが重要な役割を果たしている。1分間に、犬では2.5 μlの、猫では15 μlの房水が産生される。房水は後（眼）房（posterior chamber、虹彩裏面と水晶体前面の領域）から瞳孔（pupil）を経由して前房に入るが、一部は硝子体内にも流入する。そして、隅角（虹彩・角膜角、図1-5）から線維柱帯流出路（conventional outflow）あるいはぶどう膜・強膜流出路（uveoscleral outflow）を経由して全身循環に戻る。前者は隅角の櫛状靱帯（pectinate ligament）→線維柱帯網（trabecular meshwork）→強膜静脈叢（sclerovenous plexus）→静脈→全身循環という経路を、後者は隅角の櫛状靱帯→毛様体筋（ciliary muscle）→上脈絡膜腔（suprachoroidal space）→脈絡膜循環→全身循環という経路をとる。前房の後方には虹彩、後房、毛様体、水晶体がある（図1-5）。

- 水晶体（lens）：水晶体は凸レンズ状の無血管組織で、入射光を屈折させて網膜上に結像させる。水晶体前面の中心を前極（anterior pole）、後面の中心を後極（posterior pole）、辺縁を赤道部（equator）と呼ぶ。水晶体は水晶体嚢（lens capsule）（角膜側の前嚢；anterior capsuleと硝子体側の後嚢；posterior

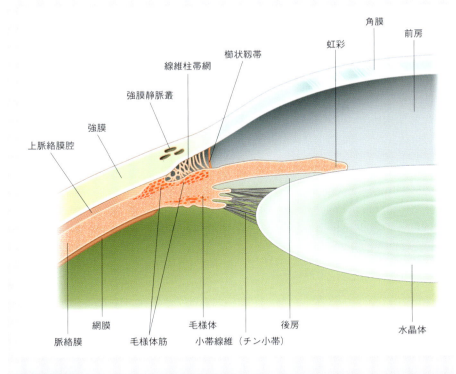

図 1-5 隅角（虹彩・角膜角）の模式図

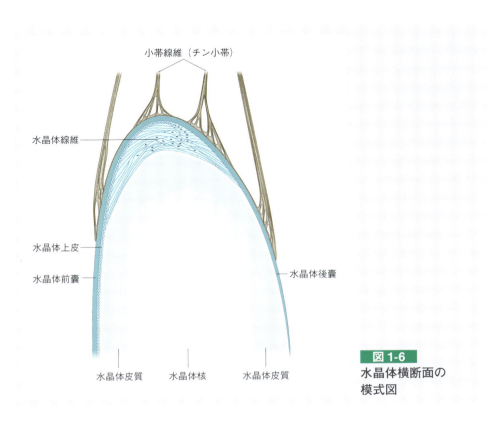

図 1-6
水晶体横断面の模式図

capsule)、水晶体上皮（lens epithelium）、水晶体皮質（lens cortex）、水晶体核（lens nucleus）からなる（図 1-6）。水晶体は水晶体赤道部と毛様体間を小帯線維（zonular fiber、毛様体小帯；ciliary zonule やチン小帯とも呼ばれる）で支持されている。

- ぶどう膜（uvea）：虹彩（iris）、毛様体（ciliary body）、脈絡膜（choroid）をぶどう膜と称し、虹彩と毛様体を前部ぶどう膜（anterior uvea）、脈絡膜を後部ぶどう膜（posterior uvea）と呼ぶ。

  虹彩は小虹彩輪（pupillary zone）、捲縮輪（collarette）、大虹彩輪（ciliary zone）からなり、瞳孔縁（pupillary margin）と虹彩根（basal iris、iris root）が認められる。虹彩平滑筋は瞳孔括約筋（sphincter muscle of the pupil）と瞳孔散大筋（dilator muscle of the pupil）に分けられるが、これらの筋肉は瞳孔を収縮・散大させることによって眼球内に入る光量を調節している。虹彩の後方、脈絡膜の前方には毛様体があり、ひだ部（pars plicata）、扁平部（pars plana）、鋸状縁（ora serrata）に分けられる。なお、毛様体ひだ部には多数の毛様体突起（ciliary process）がある。毛様体は網膜内層から続く1層の毛様体無色素上皮（内層）と網膜色素上皮から続く1層の毛様体色素上皮の2層で覆われている。

  毛様体は毛様体ひだ部の毛様体突起から房水を産生するとともに、収縮・弛緩することによって水晶体の厚さ（屈折力）を変えて遠方視と近方視の調節を行っている。なお、毛様体無色素上皮細胞同士の接合は強く、血液-房水関門（blood-aqueous barrier）を形成している。

  脈絡膜は網膜と強膜の間に位置し、網膜側から強膜側に向かって、1）基底板（ブルッフ膜；Bruch's membrane）：脈絡膜の最内層で網膜色素上皮層に接する、2）脈絡毛細管板（choriocapillaris）：板状の毛細血管層、3）輝板（タペタム；tapetum）：光を反射して網膜の光感受性を高めている領域（犬や猫の肉食獣では細胞性輝板；cellular tapetum、有蹄類では線維性輝板；fibrous tapetum）で、その眼底領域をタペタム野（タペタム領域）と呼び、網膜色素上皮細胞にメラニン色素がない。タペタム野以外の眼底領域は網膜色素上皮細胞内にメラニン顆粒が沈着するノンタペタム野（ノンタペタム領域；nontapetum）である（図1-7a）、4）血管板（vessel layer）：太い血管の層、5）脈絡膜外層（suprachoroid、脈絡上板；suprachoroidal lamina）：メラニン細胞に富む結合組織、からなる（図1-7b）。ぶどう膜の血流量は非常に多く、この豊富な血流によって熱性損傷から眼球を保護し、網膜外層に栄養を供給するとともに網膜への酸素拡散を容易にさせている。また、脈絡膜は瞳孔以外から光が眼球内に入ることを防いでいる。

- 硝子体（vitreous body）：硝子体は水晶体後方と網膜の間に存在する硝子体腔（vitreous cavity）を満たしている透明なゲル状組織で、光を網膜まで通過させ、

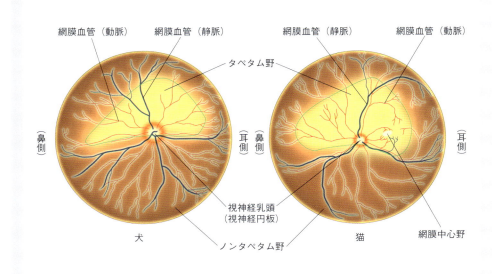

図 1-7a
犬と猫の眼底模式図

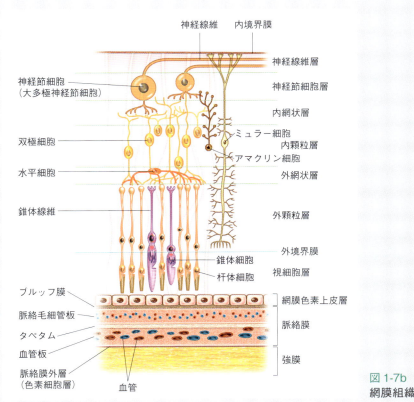

図 1-7b
網膜組織の模式図

図 1-7　犬と猫の眼底と網膜組織の模式図

眼球の形状を維持するとともに網膜の視神経層を色素上皮層に圧着・固定している（図1-2）。

- 網膜（retina）：網膜は硝子体側から1）内境界膜（internal limiting membrane、内境界層；inner limiting layer）、2）神経線維層（optic nerve fiber layer、視神経線維層；layer of the optic nerve fiber）、3）神経節細胞層（ganglion cell layer、視神経細胞層）、4）内網状層（inner plexiform layer）、5）内顆粒層（inner granular layer）、6）外網状層（outer plexiform layer）、7）外顆粒層（outer granular layer）、8）外境界膜（external limiting membrane、外境界層；outer limiting layer）、9）視細胞層（杆錐層）（photoreceptor layer、visual cell layer）、10）網膜色素上皮層（retinal pigment epithelium、色素層；pigment cell layer）の10層で構成されており（図1-7b）、得られた光刺激を視細胞で電気信号に変換して視覚情報を脳へと伝達している。網膜の神経線維は、視神経乳頭（視神経円板；optic disc）から眼球外の視神経（optic nerve）へと続く。

視神経乳頭からは網膜血管が出て、網膜の外網状層から内境界膜までに栄養を供給している。網膜色素上皮層から外顆粒層までは、脈絡膜血管から栄養を供給されている。網膜血管は細いほうが動脈、太いほうが静脈である。これらの血管は、犬では視神経乳頭の内側から出ているのに対し、猫では視神経乳頭辺縁から出ている（図1-7a）。タペタム野（タペタム領域）の急峻な辺は鼻側に位置している（図1-7a）。

眼球を囲む骨性腔洞を眼窩（orbit）と呼ぶ。眼窩は骨と筋膜を有する筋肉で構成されており、眼球を保持・保護するとともに口腔から眼球を分離している。また、眼窩には多くの血管や神経が存在する。眼窩の形状は円錐形で、錐体先端は腹側後内方に向く。肉食獣は大きく顎を開ける必要があることから、眼窩壁は完全に骨には取り囲まれていない。骨性眼窩壁がない部分はさまざまな厚さの筋肉、眼窩骨膜で置換されている。犬では前頭骨頬骨突起と頬骨前頭突起間に眼窩靱帯（orbital ligament）が存在する。

2. 眼球運動のしくみ

眼球を動かしている筋肉は外眼筋である。外眼筋（extraocular muscle）の配列とその作用、および神経支配を図1-8と表1-2に示した。

3. 視覚情報の受容のしくみとその伝達経路

眼球内に入った光は網膜上に結像し、視細胞外節内の視物質によって電気信号に変換される。視細胞（photoreceptor cell, visual cell）には杆体（rod）と錐体（cone）が存在し（図1-7b）、前者にはロドプシン（rhodopsin）、後者にはヨドプシン（iodopsin）（フォトプシンとレチナールからなる）といまだ構造のわかっていない2

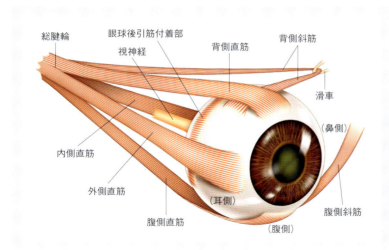

図 1-8
外眼筋の模式図
(各直筋の内側、神経経側に眼球後引筋が存在するが、ここではそれを除去して各直筋をみやすくしている)

表 1-2　外眼筋の作用とその神経支配

筋肉名	作用	支配神経
背側直筋（上直筋） (dorsal rectus muscle)	眼球を上方に向ける	動眼神経（第Ⅲ脳神経）
腹側直筋（下直筋） (ventral rectus muscle)	眼球を下方に向ける	動眼神経（第Ⅲ脳神経）
内側直筋（内直筋） (medial rectus muscle)	眼球を内側／鼻側に向ける	動眼神経（第Ⅲ脳神経）
外側直筋（外直筋） (lateral rectus muscle)	眼球を外側／耳側に向ける	外転神経（第Ⅵ脳神経）
背側斜筋（上斜筋） (dorsal oblique muscle)	12時位置から眼球を内側／鼻側に旋回（回転）させる	滑車神経（第Ⅳ脳神経）
腹側斜筋（下斜筋） (ventral oblique muscle)	12時位置から眼球を外側／耳側に旋回（回転）させる	動眼神経（第Ⅲ脳神経）
眼球後引筋 (retractor bulbi muscle)	眼球を後方に引く	外転神経（第Ⅵ脳神経）
眼瞼挙筋 (superior levator muscle)	上眼瞼を挙上する	動眼神経（第Ⅲ脳神経）

Slatter, D (2003)：Textbook of Small Animal Surgery 3rd ed., Volume 2, table95-1, p.1435. Saunders, Philadelphia. より許可を得て、一部改変の上、転載。

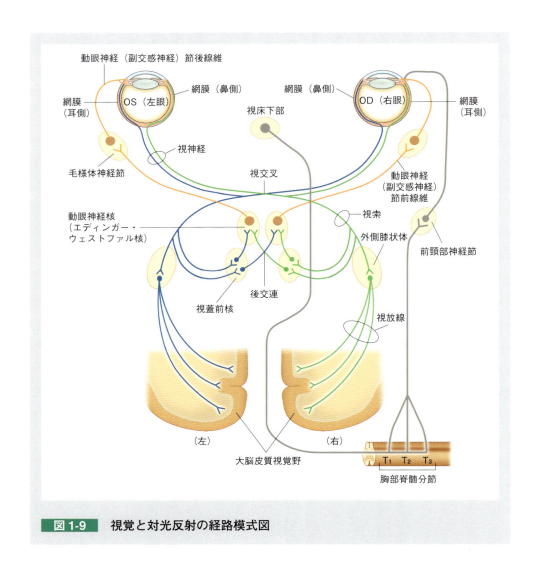

図 1-9　視覚と対光反射の経路模式図

種類の視物質が含まれている。杆体（細胞）は光覚を担い、暗所視に適しているが、物体の色を認識することはできない。一方、色を感じる錐体（細胞）は光閾値が高く、物体の識別力がよいため、明所視を担っている。杆体（細胞）と錐体（細胞）は双極細胞（bipolar cell）と、双極細胞は神経節細胞（ganglion cell）とシナプスを形成する。神経節細胞の軸索は視神経へと続く。水平細胞（horizontal cell）は外網状層中の視神経細胞同士と、アマクリン細胞（amacrine cell）は内網状層中の神経節細胞同士と連絡している。神経節細胞の一部にはメラノプシン（melanopsin）と呼ばれる感光色素があり、光を感受することができる。このメラノプシン含有神経節細胞は強い青色光に反応し、中脳を介したサーカディアン・リズム（circadian rhythm）や瞳孔の対光反射（pupillary light reflex, PLR）に関与する。ミュラー細胞（Müller cell）は神経膠細胞の一種で、内境界膜から外境界膜にわたって存在し、網膜支柱組織として役立つとともに網膜の代謝、神経伝

達の絶縁、網膜損傷時の組織修復などに関与している。

視細胞からの情報（電気信号）の伝達経路は、視細胞→双極細胞→神経節細胞→神経節細胞の軸索（神経線維）→視神経→視交叉（optic chiasm）→視索（optic tract）→外側膝状体（lateral geniculate body）→視放線（optic radiation）→大脳皮質後頭葉視覚野（occipital visual cortex）である（図1-9）。

4. 眼科領域の神経系

視覚の伝達経路（optic pathway）と対光反射（PLR）の経路は異なる。対光反射の経路は、網膜→視神経→視交叉→視索（ここまでは視覚の伝達経路と同一）→視蓋前核（pretectal nucleus）→動眼神経核（oculomotor nucleus、エディンガー・ウェストファル核；Edinger-Westphal nucleus）→動眼神経節前線維（preganglionic parasympathetic neuron）→毛様体神経節（ciliary ganglion）→動眼神経節後線維（postganglionic parasympathetic neuron）→瞳孔括約筋である（図1-9）。視覚も対光反射もなければ、網膜、視神経、視交叉、視索のいずれかに障害が存在すると考えられる。視覚がなく、対光反射が正常であれば、外側膝状体、視放線、大脳皮質後頭葉視覚野のいずれかに異常が存在する可能性がある。一方、視覚が存在するのに対光反射がない場合、視蓋前核、動眼神経核、動眼神経、毛様体神経節、瞳孔括約筋のいずれかに障害があると考えられる。

■眼に関係する神経

眼に関係する神経として、以下の神経があげられる。

- 視神経（optic nerve、第Ⅱ脳神経；cranial nerve Ⅱ〈CN Ⅱ〉）：網膜からの視覚情報を視交叉、視索を経て外側膝状体核、さらに大脳皮質後頭葉視覚野まで伝達する。
- 動眼神経（oculomotor nerve、第Ⅲ脳神経；CN Ⅲ）：副交感神経刺激を虹彩平滑筋および毛様体筋に伝え、瞳孔を介して眼球内に入る光量を調節するとともに眼球の動きにかかわる外眼筋（背側直筋、腹側直筋、内側直筋、腹側斜筋）の動きを調節する。
- 滑車神経（trochlear nerve、第Ⅳ脳神経；CN Ⅳ）：背側斜筋に分布し、眼球運動に関与する脳神経で、この神経のみが脳幹の背面から出ている。
- 三叉神経（trigeminal nerve、第Ⅴ脳神経；CN Ⅴ）：顔面の触覚および深部感覚、角膜の触覚における求心性ニューロンとして作用する。
- 外転神経（abducens nerve、第Ⅵ脳神経；CN Ⅵ）：眼球を外転させたり、後方に牽引させたりする。
- 顔面神経（facial nerve、第Ⅶ脳神経；CN Ⅶ）：顔面筋、涙腺・顎下腺を支配するとともに瞬きに伴う眼輪筋の収縮を支配する。

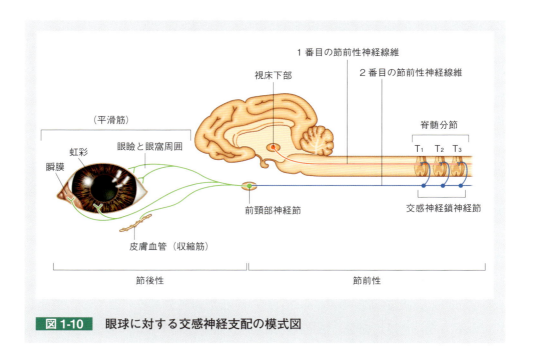

図 1-10 眼球に対する交感神経支配の模式図

- **交感神経**(sympathetic nerve)：瞳孔散大筋は頸部交感神経路(cervical sympathetic pathway)を介して視床下部(hypothalamus)で制御されており、その経路は視床下部→1番目の節前性神経線維(preganglionic neuron)(脳幹・頸髄)→胸部脊髄分節(thoracic spinal segments, T_1, T_2, T_3)とその神経根(nerve roots)→2番目の節前性神経線維(迷走交感神経幹；vagosympathetic trunk、頭側胸髄および頸部交感神経幹)→前頸部神経節(cranial cervical ganglion)→節後性神経線維(postganglionic neuron)→眼・付属器・皮膚血管(中耳→三叉神経眼枝→長毛様体神経；long ciliary nerve→瞳孔散大筋；dilator muscle of the pupil、その他の神経線維：眼窩周囲の平滑筋・上眼瞼・瞬膜)である(図1-10)。

1-2 眼科疾患の臨床症状

到達目標	眼科疾患の一般的な臨床症状を説明できる。
キーワード	眼球突出、眼球脱出、眼球陥没、斜視、眼瞼炎、眼瞼内反／眼瞼外反、異常睫毛、瞬膜（第三眼瞼）突出、瞬膜（第三眼瞼）腺脱出、結膜炎、眼瞼痙攣、羞明、流涙、赤目（レッドアイ）、角膜浮腫、角膜血管新生、角膜瘢痕形成、角膜色素沈着、前房出血、前房蓄膿、脂質性フレア、前房フレア、瞳孔散大、縮瞳、虹彩萎縮、白内障、水晶体脱臼・亜脱臼、星状硝子体、硝子体出血、盲目、網膜剥離、網膜出血、網膜変性、視神経炎、乳頭浮腫、眼球癆（眼球萎縮）、牛眼（眼球腫大）

1. 眼科疾患の一般的な臨床症状

眼科疾患の一般的な臨床症状として以下のものがあげられる。

■眼球の変位

- **眼球突出**（exophthalmos）：眼球が前方に変位した状態であるが、眼瞼はいまだ眼球前方に位置する状態のことをいう。
- **眼球脱出**（proptosis）：眼球が前方に変位し、その後方に眼瞼が位置する状態のことをいう。
- **眼球陥没**（enophthalmos）：眼球が後方に変位し、眼が落ちくぼんだようにみえる状態のことをいう。
- **斜視**（strabismus）：正常な眼球位置が変位した結果、左右の視軸が同一の固視点に向いていない状態のことをいう。動物自身ではこの眼位異常を矯正できない。

■眼瞼部の異常

- **眼瞼炎**（blepharitis）：眼瞼を構成している皮膚、筋肉、結合組織、腺などの炎症のことをいう。
- 眼瞼部の脱毛：眼瞼縁周囲の被毛が抜けていることをいう。
- **眼瞼内反**（entropion）／**眼瞼外反**（ectropion）：眼瞼縁の一部分、あるいは全体が内方に反転した状態（眼瞼内反）、または外転して眼瞼結膜が露出した状態（眼瞼外反）のことをいう。

- 睫毛疾患／異常睫毛（eyelash disorders）：睫毛の先端が眼球あるいは角膜方向に向かって生えている異常な状態で、睫毛重生（distichiasis）、睫毛乱生（trichiasis）、異所性睫毛（ectopic cilia）が知られている。

■瞬膜の異常
- 瞬膜（第三眼瞼）突出（third eyelid protrusion, protrusion of the nictitating membrane）：瞬膜（第三眼瞼）が上方に変位し、それが異常に突出した状態のことをいう。
- 瞬膜（第三眼瞼）腺脱出（prolapsed gland of the third eyelid）：瞬膜（第三眼瞼）下の眼窩骨膜に固着している瞬膜（第三眼瞼）腺が正常な位置から逸脱・脱出して瞬膜上限部にみられる状態のことをいう。チェリーアイ（cherry eye）とも呼ばれる。

■結膜の異常
- 結膜炎（conjunctivitis）：結膜の炎症のことをいう。
    - 結膜充血（conjunctival hyperemia）：表在性結膜血管の充血（hyperemia）で、輪部に向かうび漫性充血をもたらす。結膜を動かすと充血血管も同様に動く。
    - 結膜腫脹（swollen conjunctiva）：結膜の一部あるいは全体が膨化した状態（体積の増加状態）のことをいう。
    - 結膜浮腫（chemosis）：結膜の水ぶくれ状態で、重度になると眼球結膜が角膜を超えて腫脹したり、眼瞼結膜が眼瞼縁の外に拡張してくる。

■眼痛
　眼痛（ophthalmalgia）とは眼の痛みのことをいい、眼の痛みで、眼瞼痙攣、羞明、流涙、眼を細める、眼を擦るなどの症状を呈する。
- 眼瞼痙攣（blepharospasm）：眼の疼痛や持続的な顔面神経刺激時にみられ、眼輪筋に間代性、強直性の痙攣が不随意に生じる状態のことをいう。
- 羞明（photophobia）：痛みのため、眼を開けていられないような状態のことをいう。まぶしい時に眼を細めたり、開けていられないような状態と似ている。

■流涙
　流涙（epiphora）とは、涙があふれでてくる状態のことをいう。

■赤目（レッドアイ）
　赤目（レッドアイ；red eye）とは、結膜炎、角強膜炎、ぶどう膜炎、緑内障などに起因して眼瞼、結膜、上強膜の血管が充血した状態、あるいは眼内出血が存

在することで眼が赤くなった状態のことをいう。
- 結膜充血：上記を参照のこと。
- 角膜周擁充血（pericorneal flush）：角膜輪部周辺の血管は充血しているが、輪部から離れるに従いそれが軽減する状態のことをいう。
- 毛様充血（ciliary flush）：角膜輪部深層血管が充血して輪部強膜が桃色を呈するとともに角膜辺縁部に微細な直線状の新生血管がみられる状態のことをいう。これは全周性にみられる。
- 上強膜充血（episcleral hyperemia）：上強膜血管が充血・蛇行している状態のことをいう。結膜を動かしても充血血管は動かない。

■ 角膜の変色
角膜の透明性が失われ、それが混濁状態に陥った状態のことをいう。
- 角膜浮腫（corneal edema）：角膜上皮または内皮のいずれか、あるいは両者の機能不全によって角膜が水分を吸収して厚みを増し、その透明性が低下した状態のことをいう。上皮浮腫と実質浮腫に大別できる。
- 角膜血管新生（corneal vascularization）：角膜の上皮直下あるいは実質内に新生血管が侵入した状態のことをいう。表層性と深層性の血管新生に分けることができる。
- 角膜瘢痕形成（corneal scarring、scar formation）：角膜に瘢痕組織が形成された状態のことをいう。角膜表面は比較的平滑で、重症度によって角膜の混濁度が異なる（灰白色〜白色）。
- 角膜色素沈着（corneal pigmentation）：角膜に色素が沈着し、その透明性が失われた状態のことをいう。
- 前房出血（hyphema）：前房内に出血が存在する状態のことをいう。
- 前房蓄膿（hypopyon）：前房内に白血球が蓄積した状態のことをいう。
- 脂質性フレア（lipid flare）：房水中の脂質濃度が高くなり、房水が乳白色に混濁した状態のことをいう。

■ 前房フレア
前房フレア（aqueous flare）とは、前房水が炎症細胞や漏出タンパク質の影響でもやのように灰白色に濁ってみえる状態のことをいう。なお、タンパク質や炎症細胞の粒子で光が反射される現象をチンダル現象といい、細隙灯顕微鏡のスリット光で前房フレアを観察している時にはこの現象を利用していることになる。

■虹彩の異常
- 瞳孔散大（mydriasis）：瞳孔が大きく開いた状態のことをいう。散瞳ともいう。緑内障や虹彩萎縮の時にみられる。
- 縮瞳（miosis）：瞳孔が収縮した状態のことをいう。前部ぶどう膜炎やホルネル症候群の時にみられる。
- 虹彩萎縮（iris atrophy）：虹彩の変性性変化によって虹彩自体が薄くなるか、その一部分あるいは全体（全層）が消失した状態のことをいう。

■水晶体の異常
- 白内障（cataract）：水晶体の一部、あるいは全体が混濁した状態のことをいう。
- 水晶体脱臼・亜脱臼（lens luxation/subluxation）：正常時に存在する硝子体窩から水晶体が変位・逸脱した状態を水晶体脱臼といい、硝子体窩の中で水晶体の軸が変位した状態を水晶体亜脱臼という。

■硝子体の異常
- 星状硝子体（asteroid hyalosis）：硝子体内にきらきらと輝く多数のリン酸カルシウム小粒子がみられる状態のことをいう。
- 硝子体出血（vitreal hemorrhage）：網膜から硝子体腔内へ出血が拡散した状態のことをいう。

■網膜に関連した異常
- 盲目（blindness）：ものを見る能力が欠如、あるいは喪失した状態のことをいう。
- 網膜剥離（retinal detachment）：神経網膜が網膜色素上皮層から剥離した状態のことをいう。
- 網膜出血（retinal hemorrhage）：網膜全層あるいはその一部の層に出血が起こった状態のことをいう。
- 網膜変性（retinal degeneration）：さまざまな原因で網膜が変性状態に陥り、視覚障害を呈している状態のことをいう。
- 視神経炎（optic neuritis）：視神経の炎症のことをいう。
- 乳頭浮腫（papilledema, choked disc）：視神経や他の眼底組織に炎症が存在しない状況下においてみられる視神経乳頭の浮腫性腫脹のことをいう。

■眼球の異常
- 眼球癆（phthisis bulbi、眼球萎縮）：眼球が不可逆的に萎縮した状態のことをいう。
- 牛眼（buphthalmia, buphthalmos、眼球腫大）：眼球が拡大（腫大）した状態のことをいう。

■ 眼瞼、眼球外、眼球内、眼窩における腫瘤あるいは腫瘍性病変
- 眼球とその付属器、ならびに眼窩に形成された新生物による占拠性病変のことをいう。

自習項目

1. 眼球の発生過程の詳細と各種動物における違いを学習する。
2. 眼球とその付属器の構造と機能の詳細、ならびに各種動物における眼球の構造・機能の違いを学習する。
3. 視覚情報の受容のしくみとその伝達経路、ならびに対光反射のしくみとその経路の詳細を学習する。
4. 眼球、眼球運動、視覚・対光反射に関係する神経系の詳細を学習する。
5. 眼科疾患における一般的な臨床症状の定義とその状態、ならびに疾患との関連を学習する。

【参考図書】

1. 浅利昌男（1999）：白内障手術に必要な眼科領域の局所解剖，Surgeon 14，メディカルサイエンス社，東京．
2. Budras, K. D., Fricke, W. and McCarthy, P. H.（1994）：Anatomy of the Dog. An Illustrated Text 3rd ed., Mosby-Wolfe, Hannover.
3. Gelatt, K. N. and Gelatt, J. P.（2006）：小動物の眼科外科（Small Animal Ophthalmic Surgery, Butterworth-Heinemann），工藤荘六監訳，インターズー，東京．
4. Gelatt, K. N.（2007）：Veterinary Ophthalmology 4th ed., Blackwell Publishing, Iowa.
5. 長谷川貴史（2000）：角膜潰瘍に対する結膜弁の応用，Surgeon 21，メディカルサイエンス社，東京．
6. 長谷川貴史（2002）：視覚のある，あるいは視覚回復の可能性のある緑内障の治療，Surgeon 32，メディカルサイエンス社，東京．
7. 堀 裕一（1998）：涙液，角結膜上皮の構造と役割．眼科診療プラクティス41 ドライアイのすべて，文光堂，東京．
8. 印牧信行，長谷川貴史（2012）：眼科疾患．獣医内科学小動物編 改訂版，文永堂出版，東京．
9. Ketring, K. L.（1985）：Ophthalmology Illustrated Manual II.The Retina, AAHA, Denver.
10. 工藤荘六（2005）：眼科診療図鑑．動物眼科検査・診断法，千寿製薬，大阪．
11. Maggs, D. J., Miller, P. E. and Ofri, R.（2008）：Slatter's Fundamentals of Veterinary Ophthalmology, 4th ed., Saunders Elsevier, St. Louis.
12. Martin, C. L.（2013）：獣医眼科学 基礎から診断・治療まで（Ophthalmic Diseases in Veterinary Medicine, Manson Publishing），工藤荘六監訳，インターズー，東京．
13. 太田充治（2002）：緑内障の発症機序，Surgeon 32，メディカルサイエンス社，東京．
14. Severin, G. A.（2003）：セベリンの獣医眼科学 基礎から臨床まで 第3版（Severin's Veterinary Ophthalmology Notes, 3rd ed., Veterinary Ophthalmology Notes），小谷忠生・工藤荘六監訳，インターズー，東京．
15. Slatter, D.（2000）：第10編 眼および付属器．スラッター小動物の外科手術（Textbook of Small Animal Surgery 2nd ed., WB Saunders），高橋 貢・佐々木伸雄監訳，文永堂出版，

東京．
16. Slatter, D.（2001）：Fundamentals of Veterinary Ophthalmology 3rd ed., Saunders, Philadelphia.
17. Slatter, D.（2003）：Section 10. Textbook of Small Animal Surgery 3rd ed., Saunders, Philadelphia.
18. Stades, F. C., Wyman, M., Boevé, M. H. and Neumann, W.（2000）：獣医眼科診断学（Ophthalmology for the Veterinary Practitioner, Schlütersche），安部勝裕監訳，チクサン出版，東京．
19. 所　敬，金井　淳（2002）：現代の眼科学 改訂第 8 版，金原出版，東京．
20. 友廣雅之（2013）：獣医・実験動物眼科学－獣医臨床とヒトに外挿できる医薬品の毒性評価のための基礎知識－，サイエンティスト社，東京．
21. Wilkie, D. A.（2009）：眼科学．サウンダース小動物臨床マニュアル 第 3 版（Saunders Manual of Small Animal Practice, Saunders Elsevier），長谷川篤彦監訳，文永堂出版，東京．

第1章　演習問題

問1　眼球発生に関する記述として適当なものを選べ。
(1) 犬と猫の網膜は、開瞼時には成体と同様の形態と機能になっている。
(2) 犬の眼胞は受精後21日ごろに形成される。
(3) 犬と猫では生後10〜14日ごろに開瞼する。
(4) 犬の網膜は5カ月齢、猫のそれは6〜7週齢ごろに成体と同様の形態と機能になる。
(5) 犬と猫では生後すぐに開瞼する。

問2　角膜と涙液層に関する記述として適当なものを選べ。
(1) 角膜上皮細胞の分裂速度は遅く、角膜内皮細胞の分裂速度は速い。
(2) 角膜上皮細胞の分裂速度は速く、角膜内皮細胞の分裂速度は遅い。
(3) 涙液層における脂質層の脂質はハーダー腺から分泌されている。
(4) 涙液層の粘液層にはムチンが多く含まれ、それはマイボーム腺、モル腺、ツァイス腺から分泌されている。
(5) 涙液層の脂質層には多くの白血球やライソゾーム、リゾチームが含まれている。

問3　房水に関する記述として適当なものを選べ。
(1) 房水は虹彩の上皮細胞から能動的分泌、拡散、限外濾過によって産生されている。
(2) 房水には血漿よりもタンパク質、特にグロブリンが多く含まれている。
(3) ぶどう膜・強膜流出路は、隅角の櫛状靭帯→毛様体筋→強膜静脈叢→静脈→全身循環という経路で房水を排出している。
(4) 房水には炭酸水素ナトリウム（$NaHCO_3$）がわずかしか含まれていない。
(5) 房水の能動的分泌には毛様体無色素上皮細胞に含まれる炭酸脱水酵素が重要な役割を果している。

問 4 ぶどう膜に関する記述として適当なものを選べ。
(1) 後部ぶどう膜に属する毛様体は、ひだ部、扁平部、鋸状縁からなる。
(2) 網膜には輝板（タペタム）が存在し、光を反射して網膜の光感受性を高めている。
(3) 脈絡膜の網膜側最内層に輝板（タペタム）が存在し、これが網膜色素上皮層と接している。
(4) 犬や猫の輝板（タペタム）は細胞成分からなる細胞性輝板で、有蹄類のそれは線維膠原束からなる線維性輝板である。
(5) 犬や猫の輝板（タペタム）は線維膠原束からなる線維性輝板で、有蹄類のそれは細胞成分からなる細胞性輝板である。

問 5 視覚と対光反射に関する記述として適当なものを選べ。
(1) 視覚と対光反射の伝達経路は一部が共通で、それは視神経、視交叉、視索である。
(2) 視覚と対光反射の伝達経路は一部が共通で、それは網膜、視神経、視交叉、視索、外側膝状体である。
(3) 視細胞の一つである杆体（細胞）は光覚を担い、明所視に適しているが、色を認識することができない。
(4) 視細胞の一つである錐体（細胞）は色を感じることができ、光閾値も高いため暗所視を担っている。
(5) 対光反射が存在した場合、視覚障害はないと判断できる。

解答および解説

問1　正解　(3)

解説：(1) 犬と猫の網膜は開瞼時には成体と同様の形態と機能になっておらず、それが成熟するのは犬で6～7週齢、猫で5カ月齢ごろである。(2) 犬の眼杯は受精後15日ごろに形成される。(3) の記述は正しい。(4) 犬の網膜は6～7週齢ごろ、猫のそれは5カ月齢ごろに成体と同様の形態と機能になる。(5) 犬と猫が開瞼するのは生後10～14日ごろである。

問2　正解　(2)

解説：(1) 角膜上皮細胞の分裂速度は速く、その交代周期は1週間である。一方、角膜内皮細胞の分裂速度は遅く、その交代周期は1年以上である。(2) この記述は正しい。(3) 涙液層における脂質層の脂質はマイボーム腺、モル腺、ツァイス腺から分泌されている。(4) 涙液層の粘液層にはムチンが多く含まれ、それは結膜杯細胞、クラウゼ腺、ウォルフリング腺、マンツ腺から分泌されている。(5) 涙液層の粘液層には多くの白血球やライソゾーム、リゾチームが含まれている。

問3　正解　(5)

解説：(1) 房水は毛様体突起の上皮細胞から能動的分泌、拡散、限外濾過によって産生されている。(2) 血漿と比較して房水中のタンパク質濃度は低く、特にグロブリン濃度は極めて低い。(3) ぶどう膜・強膜流出路の経路は、隅角の櫛状靭帯→毛様体筋→上脈絡膜腔→脈絡膜循環→全身循環である。(4) 房水には炭酸水素ナトリウム($NaHCO_3$)が多く含まれる。(5) この記述は正しい。

問4　正解　(4)

解説：(1) 毛様体はひだ部、扁平部、鋸状縁で構成され、虹彩とあわせて前部ぶどう膜と呼ばれている。(2) 脈絡膜には輝板（タペタム）が存在し、光を反射して網膜の光感受性を高めている。(3) 脈絡膜の網膜側最内層には基底板（ブルッフ膜）が存在し、これが網膜色素上皮層と接している。(4) この記述は正しい。(5) 犬や猫の輝板（タペタム）は細胞成分からなる細胞性輝板で、有蹄類のそれは線維膠原束からなる線維性輝板である。

問5　正解　(1)

解説：(1) この記述は正しい。(2) 視覚の伝達経路は網膜→視神経→視交叉→視索→外側膝状体→視放線→大脳皮質後頭葉視覚野で、対光反射の伝達経路は網膜→視神経→視交叉→視索→視蓋前核→動眼神経核（エディンガー・ウェストファル核）→動眼神経節前線維→毛様体神経節→動眼神経節後線維→瞳孔括約筋である。(3) 視細胞の一つである杆体(細胞)は光覚を担い、暗所視に適しているが、色を認識することができない。(4) 視細胞の一つである錐体(細胞)は色を感じることができ、光閾値も高いため明所視を担っている。(5) 対光反射が正常であっても外側膝状体、視放線、大脳皮質後頭葉視覚野のいずれかに異常があれば視覚障害が誘発される。また、神経節細胞の一部にはメラノプシンと呼ばれる感光色素があり、強い青色光を感受することができるため、視細胞が変性状態にあっても対光反射は誘発されうる。

第2章 眼科検査および眼科手術

著：前原誠也

一般目標

各種眼科検査法の原理、適応、評価法を理解し、眼科手術に必要な器具、機材、薬、外科的手法について修得する。

2-1 眼科検査

到達目標 眼科疾患の診断と治療に必要な各種検査法を列挙し、それらの原理、適応を述べることができるとともに、それら主要所見を説明できる。

キーワード 角膜反射、眼瞼反射、対光反射、威嚇瞬目反応、シルマー涙液試験、細隙灯顕微鏡検査、フルオレセイン染色、眼圧、眼底検査、網膜電図検査

1. 問 診

　眼科疾患検査時に行う問診も基本的には他臓器疾患の問診と同様である。動物種、品種、年齢、性別などの情報、動物の飼育環境、ワクチン接種などの予防接種歴、家族・家系内における病歴、既往歴および現在罹患している疾患の経歴を聴取する。現病歴に関しては、どのような臨床症状があるのか、その症状は初発か再発か、いつから症状が現れたのか、それは持続しているのか、それとも間欠的か、症状が進行しているかなどを聴く。既往歴に関しては、いつどのような症状があったのか、それを治療したのか、治療した場合にはどのような治療を行い、どのような反応を示したのかなどを聴取する。いくつかの眼科疾患は全身性疾患の一症状として現れることもあるため、現病歴、既往歴ともに眼についてだけではなく、全身の他臓器についても聴取することが重要である。

また、眼は左右両方存在するため、臨床症状を示していない対側眼の既往歴などについても聴取する必要がある。

2. 身体検査

前述したようにいくつかの眼科疾患は全身性疾患の一症状として現れることがあるため、全身的視診や触診、さらには聴診といった一般的な身体検査（physical examination）も必ず実施する。ここでは眼球に対する視診と触診について解説する。

■視　診

眼の視診では、まず左右の眼を比較する。眼の大きさ、色、位置、突出の程度、眼瞼の開き具合などを左右眼で比較しながら観察する。次に症状が現れている眼について、眼周囲の腫瘤の有無、眼脂の量および色、結膜または強膜の充血状態、角膜混濁、眼内の混濁などに注意しながら観察する。

■触　診

眼に疼痛がある場合、触診時に患眼に触れると動物は回避や攻撃行動を起こす。眼球の触診では球後圧も含めたおおよその眼圧を推測することができる。人差し指と中指を上眼瞼に置き、中指で軽く眼球を圧迫し、その圧力を人差し指で触知する。異常な高眼圧または低眼圧の有無は判断できるが、正確な眼圧を測定するには眼圧計が必要となる。通常、眼球は指により眼窩内へ押し込むことができるが、眼窩内に腫瘍、膿瘍、肉芽腫などの占拠性病変がある場合には、それができなくなる。このような現象がみられた時に、眼球を押し込んで疼痛が認められる場合には炎症性の病変が、疼痛がみられない場合には腫瘍性の病変が存在することを示唆している。

3. 角膜反射

角膜への接触刺激に対する瞬目反応を角膜反射（corneal reflex）という。角膜反射を検査する時の角膜への刺激は、角膜を傷つけないように注意する必要がある。図 2-1 のように乾綿を線維状にほぐしたもので角膜を刺激するとよい。角膜反射で評価される脳神経は、求心路の三叉神経、遠心路の顔面神経である。

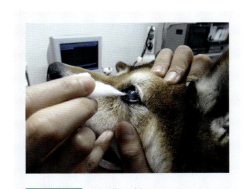

図 2-1　角膜反射

角膜の知覚は三叉神経の眼神経から分枝した長毛様体神経が支配しており、神経線維は強膜、上強膜、結膜から放射状に角膜実質に入っている。角膜には約9,000〜12,000本の神経線維があり、生体で最も敏感な組織の一つである。角膜の知覚低下は、三叉神経を障害するような頭蓋内疾患や、末梢神経障害を引き起こす代謝性疾患（糖尿病、甲状腺機能低下症など）でみられる。角膜の知覚が低下すると、瞬目回数や涙液分泌の減少が生じ、乾性角結膜炎を引き起こす。

4. 眼瞼反射

　眼瞼への接触刺激に対する瞬目反応を眼瞼反射（eyelid reflex）という。眼瞼反射は、全身麻酔時に麻酔深度を確認する目的で実施されることも多い。眼瞼反射で評価される脳神経は、求心路の三叉神経、遠心路の顔面神経である。なお、閉瞼は顔面神経が支配する眼輪筋によってもたらされている。

　眼瞼の知覚は三叉神経により支配されているが、眼瞼の部位により支配神経が異なる。下眼瞼は上顎神経の頬骨側頭神経、上眼瞼の鼻側は上顎神経の頬骨顔面神経、上眼瞼の耳側は眼神経の前頭神経、外眼角は眼神経の涙腺神経、内眼角は眼神経の鼻毛様体神経により支配されている。眼瞼反射を検査する際には、眼瞼のさまざまな部位を刺激して瞬目反応を観察することが望ましい。

5. 対光反射

　眼内に光を入射した時に生じる縮瞳反応を対光反射（pupillary light reflex、PLR）という。対光反射には光を入射した眼で縮瞳反応がみられる直接対光反射（direct pupillary light reflex）と、光を入射した眼の対側眼で縮瞳反応がみられる間接対光反射（indirect pupillary light reflex）がある。対光反射の経路は図1-9に示してある。間接対光反射は、視交叉および後交連で神経が交叉するために生じる。

　対光反射の検査は、通常、暗所で行う。まず、暗所での瞳孔の大きさを評価する。この時、すでに瞳孔が縮瞳している場合は異常であり、ぶどう膜炎、瞳孔散大筋の萎縮、ホルネル症候群、縮瞳剤の投与などの関与を考えなければならない。次に、検査眼に光を入射して縮瞳反応を観察し、縮瞳がみられれば、検査眼の直接対光反射は陽性と評価する。そして、十分な縮瞳が得られたら、その十分な縮瞳が持続するように光を入射しつつ、素早く対側眼の瞳孔の大きさを観察する。この時、対側眼に縮瞳がみられれば、対側眼の間接対光反射は陽性と評価する。なお、対側眼に光を入射してからその眼の瞳孔が縮瞳するのは間接対光反射ではない。また、対側眼を観察した際に、初めは縮瞳しているが観察しているうちに散瞳してくることがある。この時は、対側眼の求心路の異常が疑われる。

　対光反射が陰性の場合には、障害部位が求心路にあるのか、遠心路にあるのか

を判断しなければならない。障害部位が求心路にある場合には、患眼の直接対光反射が陰性であるとともに対側眼の間接対光反射も陰性になる。対光反射の求心路が障害される疾患には、視神経炎や視神経萎縮といった視神経の疾患、視交叉や視索を圧迫するような頭蓋内の腫瘍などがあげられる。一方、障害部位が遠心路にある場合には、患眼の直接対光反射は陰性であるが、対側眼の間接対光反射は陽性となる。対光反射の遠心路が障害されて対光反射が陰性となる状態として、動眼神経麻痺、虹彩括約筋の萎縮、高眼圧による瞳孔括約筋の圧迫（緑内障）、散瞳剤の投与などがあげられる。

　入射した光は視神経から頭蓋内へと伝達されるが、光を視神経へと伝達するのは網膜で、その伝達は以下のようになっている。角膜や水晶体などの中間透光体を通過して網膜に照射された光（光子）は、まず網膜外層（脈絡膜・強膜側）に位置する視細胞で神経伝達に適した化学的エネルギーに変換される。その後、網膜中層に位置する双極細胞、網膜内層に位置する網膜神経節細胞に伝達される。網膜神経節細胞の軸索は眼底の中央付近に集まり、視神経を形成する。網膜内で光を感受して神経伝達するために必要な化学的エネルギー変換細胞は視細胞のみと考えられていたが、近年、視細胞以外にも網膜内である特定の波長の光を感受する細胞があることが明らかとなった。それはメラノプシンという物質を保有する網膜神経節細胞で、約 480 nm の波長の光を吸収する。進行性網膜萎縮、突発性後天性網膜変性症、裂孔原性網膜剥離といった視細胞が障害されるものの網膜神経節細胞の機能が残存する疾患では、約 480 nm の波長の光を含む光を入射して対光反射の検査を行うと直接対光反射は陽性となる。

6. 眩目反射

　強い光を眼に当てた時に生じる瞬目反応を眩目反射（dazzle reflex）という。眩目反射の反射経路は完全には解明されていないが、網膜、視神経、視交叉、視索、中脳蓋前丘、視索上核、顔面神経核、顔面神経、眼輪筋が関与しているといわれている。この反射は大脳皮質下の反応であることから、大脳皮質の疾患により視覚を喪失している皮質盲の症例では眩目反射は陽性となる。また、中間透光体の混濁により対光反射や眼底が観察できない場合に、網膜や視神経の機能を眩目反射を用いておおまかに評価することができる。例えば、角膜や前房の混濁（角膜浮腫や前房出血）、白内障、散瞳剤または縮瞳剤が投与されている場合などである。

　ただし、動物の眼に強い光を当てた際に生じる瞬目反応には、もう一つの経路が関与していることに注意しなければならない。すなわち、強い光に対して眼を防御する反応で、これは威嚇瞬目反応（後述）のように大脳皮質での調整、判断が含まれるため、本来の眩目反射とは異なる反応である。

7. 視覚の検査

視覚とは、外界からの光を刺激として生じる感覚をいう。視覚には、光の強さの空間的な分布を認識する形態覚、光の強さを識別する光覚、可視光線の波長の差を認識して色の違いを見分ける色覚が含まれる。一方、視力とは2つの点または線を分離して、その間隔（距離）を認識することができる能力をいい、形態覚の一つである。この視力検査は自覚的な検査であるため、動物の視力測定法はいまだ確立されていない。そのため、獣医師が動物を評価する際には、視力という言葉は使用せず、視覚という言葉を使用すべきである。

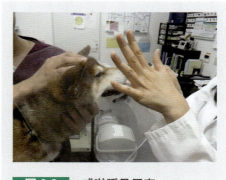

図 2-2　威嚇瞬目反応

■威嚇瞬目反応

最も一般的に行われる視覚試験で、眼前におけるものの動きに対する動物の瞬目反応を威嚇瞬目反応（menace response）という。検査は片眼ずつ行い、非検眼は手のひらなどで覆う。検査は動物の正面に対峙し、動物を検者に注目させ、検査眼の前に突然手のひらを突き出し、それに対して動物が瞬目をすれば威嚇瞬目反応陽性と評価する。検査する眼の前に手のひらを出す時、空気の動き（風）を起こすような粗雑な動きをすると、眼瞼あるいは角膜がそれを感知して瞬目反射が起こり（眼瞼反射または角膜反射）、正確な評価ができなくなる。これを防止するためには、検査眼と検者が差し出す手の間に無色透明のアクリル板などをはさむとよい（図 2-2）。

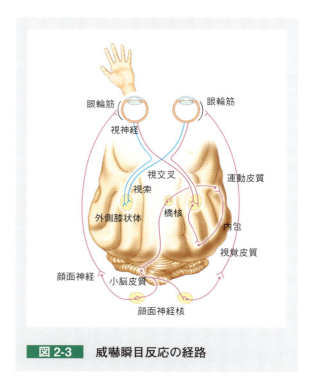

図 2-3　威嚇瞬目反応の経路

威嚇瞬目反応の経路を図 2-3 に示した。威嚇瞬目反応には、視覚刺激を認識するための視路に加え、閉瞼するための顔面神経および眼輪筋が関与する。すなわち、視覚刺激を認識していたとしても、顔面神経の異常などにより閉瞼ができな

い状況が存在すると、検査結果は陰性になる。閉瞼できない場合は、眼球の動きに注目しなければならない。動物は、眼の前に現れた突然のものの動きに対して閉瞼に加えて眼球を眼窩（後方）に引っ込めるとともに、瞬膜が受動的に角膜前面に露出する。なお、威嚇瞬目反応は'反射'ではなく'反応'であるため、大脳皮質での調整ならびに判断が含まれる。すなわち、威嚇瞬目反応は学習により得られることから幼齢動物（12週齢未満）や認知障害が生じている老齢動物では視路および閉瞼に関する経路に異常がなくても威嚇瞬目反応がみられないことがある。

■綿球落下試験

綿球落下試験（cotton ball test）も視覚試験の一つで、眼の前の動いている対象物を眼で追うかどうかを判定する試験である。

綿球を動物の眼の前に出して注目させ、次に綿球を下に落とす。眼の前で落下していく綿球を動物が追って眼球を下方に動かせば（下転）、陽性と判定する。床や診察台に落ちた時に音が出るものを使用すると、その音に反応して眼を動かすことがあるため、音が出ない綿球を使用する。綿球落下試験には、視覚刺激を認識するための視路に加え、眼球を下転させるための動眼神経と外眼筋が関与する。

■迷路試験

動物を未知の環境におき、その動きを観察する視覚検査が迷路試験（obstacle course test）である。動物は視覚を喪失しても、自宅など慣れている環境では物にぶつからなかったり、動きが鈍くなったりしないことがしばしばある。そのため、単に動物の動きを観察しているだけでは、視覚の有無の判定は困難である。障害物などを設置し、迷路というかたちで未知の環境を作成し、そこでの動物の動きを観察することで視覚を判定する。重度の視覚障害があると障害物にぶつかる、あるいは鼻先でぶつかってから方向転換するといった行動がみられる。しかし、未知の環境におかれ、まったく動かなくなる動物もいる。

片眼を包帯などで遮蔽することで、片眼ずつ迷路試験を行うこともできる。さらに、夜盲（薄暗い環境下での視覚障害）や昼盲（明るい環境下での視覚障害）を判定するため、検査室内の明るさを変えて（明るい照明下と薄暗い照明下で）迷路試験を行うこともある。夜盲や昼盲の症状は、ビタミンA欠乏症や遺伝性の網膜変性症である進行性網膜萎縮でみられる。薄暗い照明下で迷路試験を行う場合、検査前に暗順応が必要となる。暗順応とは、明るい環境から暗い環境に変わった時に、網膜、特に杆体（細胞）の光に対する感受性が時間の経過とともに増加する自動調整機構をいう。正常な犬の暗順応時間は20分以上である。

8. 涙液試験

■シルマー涙液試験

シルマー涙液試験（Schirmer tear test, STT）Ⅰ法は、濾紙を下眼瞼の涙湖（結膜嚢）に1分間入れて、涙液量を測定する検査である（図2-4）。シルマー涙液試験の測定値には、下眼瞼涙湖に貯留する涙液量、1分間の涙液基礎分泌量、試験紙が角膜に接触することで刺激される涙液の反射分泌量が含

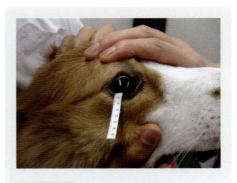

図2-4　シルマー涙液試験

まれる。犬では1分間で15 mmが基準値で、それ未満では涙液量の低下が疑われる。しかし、15 mmはあくまで基準値であり、犬種により眼の大きさや涙湖の大きさは異なる。そのため、涙液量が減少する乾性角結膜炎の診断は、シルマー涙液試験の結果だけではできず、他の眼科検査の結果や臨床症状なども考慮する必要がある。

シルマー涙液試験Ⅱ法は、1分間の涙液基礎分泌量のみを測定する検査である。点眼麻酔薬を点眼し、試験紙が角膜に接触することで刺激される反射分泌をなくし、さらに涙湖に貯留する涙液をマイクロスポンジなどで除去してシルマー涙液試験Ⅰ法と同様の検査を実施する。犬でのシルマー涙液試験Ⅱ法の基準値はおおよそ10 mm前後である。

■涙液層破壊時間

涙液は単なる液体だけでなく、ムチンという糖タンパク質が涙液の水成分に溶け込み、さらにマイボーム腺から分泌されるマイボーム腺液が涙液の表層を覆っている。このような涙液の構造を涙液層と呼ぶ。

涙液層は、角膜の恒常性に不可欠であり、これを維持するために涙液層は角膜の全域に分布していなければならない。しかし、角膜上皮は疎水性のバリアを有しており、水を寄せつけない構造をしている。また、液体は表面張力を有するため、角膜上で集まろうとする。このような状況を改善し、涙液層を角膜全域に広げるのがムチンとマイボーム腺液である。ムチンには、涙液層水層成分中に溶け込んでいる分泌型のものと角膜上皮に発現している膜型のものが存在する。膜型ムチンは疎水性の角膜上皮に涙液層を結びつける役割を果たしている。分泌型のムチンとマイボーム腺液は涙液の表面張力を減じ、涙液層を角膜全域に広げる役割を果たしている。角膜上に存在する涙液層は非常に薄く、直接外界と接しているため、次々と蒸発していく。マイボーム腺液は涙液の表層を覆って、涙液の蒸発を抑制する役割も担っている。マイボーム腺液の分泌は瞬目により制御されており、

瞬目時に上下眼瞼が接触し、それらが離れた時に分泌されるといわれている。そのため、瞬目がないとマイボーム腺液が分泌されず、涙液は蒸発して表面張力が増し、結果的に涙液層が角膜に広がらなくなる。

以上のことを利用した検査が涙液層破壊時間（tear film breakup time, BUT）の測定で、涙液油層成分の評価、つまり涙液の質的な評価を行う検査である。測定は、フルオレセイン液を点眼し、自然に瞬目運動をさせる。フルオレセイン液は涙液層に溶け込み、ブルーフィルターを通した光で観察すると黄緑色の蛍光を発する。その後、用手で開瞼状態を保ち、フルオレセイン蛍光色が欠失した状態のダークスポットが観察されるまでの時間を測定する。開瞼直後は涙液層が角膜全域に広がっているため、ブルーフィルターを通した光で観察すると角膜全域が黄緑色の蛍光を発する。開瞼を維持していると涙液層が蒸発し、涙液で覆われずに蛍光を発していない角膜が観察されるようになる（ダークスポット）。正常な犬の涙液層破壊時間は20秒ほどである。

9. 細隙灯顕微鏡検査

細隙灯顕微鏡検査（slit-lamp microscopy）は、細隙灯（スリットランプ）顕微鏡を用いて、眼瞼、結膜、角膜、前房、虹彩、水晶体、および硝子体前部を観察する検査で、光の照射方法により、広汎照明法（diffuse illumination）、直接照明法（direct illumination）、徹照法（diaphanoscopy）などに分けられる。

■広汎照明法

広汎照明法は低倍率でスリット幅は全開とし、ディフューザー（拡散板）を使用して観察する方法である。病変全体の横方向の広がりを把握する上で有用である（図2-5）。

■直接照明法

直接照明法は、観察すべきところにスリット幅を細くしたスリット光を斜めから直接照射することによって得られる光学切片を観察する方法である。病変部の断面を観察し、その病変がどの程度の深さに位置するのかを判断することができる（図2-6）。

■徹照法

徹照法は、スリット光を虹彩や眼底

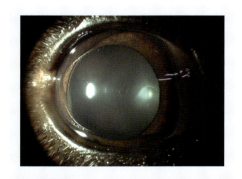

図2-5
広汎照明法による眼の観察

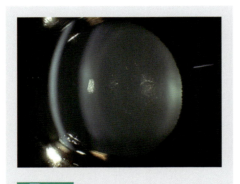

図 2-6
図 2-5 と同一眼の直接照明法による眼の観察

図 2-7
図 2-5 と同一眼の徹照法による眼の観察

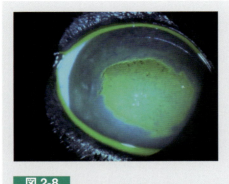

図 2-8
フルオレセイン染色陽性所見

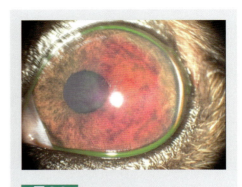

図 2-9
ローズベンガル染色陽性所見

に導き、それらからの反帰光線（反射光）を利用して観察する方法である。病変の分布や範囲の観察に適している（図 2-7）。

10. 生体染色検査
■フルオレセイン染色

フルオレセイン染色（fluorescein staining test）は、角膜上皮のバリア機能を評価する検査である。1％フルオレセイン染色液を点眼するか、フルオレセイン試験紙を直接球結膜につけ、ブルーフィルターを通した光で観察する。フルオレセインは水溶性なので、角膜上皮が健常であると、そのバリア機能によりフルオレセイン液は角膜内に浸透しない。しかし、潰瘍性角膜炎などにより角膜上皮のバリア機能が破綻していると、フルオレセイン液は角膜内へ浸透し、染色された部位は黄緑色の蛍光を発する（図 2-8）。ただし、デスメ膜は染色されない。

■ローズベンガル染色

ローズベンガル染色（rose bengal staining test）は、涙液の質的異常を検出する生体染色検査である。1％ローズベンガル溶液を点眼し、白色光で観察する。ローズベンガル溶液はムチンが欠損している角膜上皮を染色するといわれており、その部位は赤色に染色される（図2-9）。

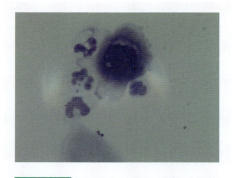

図2-10　感染性潰瘍性角膜炎の細胞診

11. 細胞診

細胞診（cytodiagnosis）は、角膜や結膜の病変部に存在する病原体や異常な細胞を評価する検査である。病変部を軽く擦過して採取した材料をスライドグラスに塗抹し、それをギムザ染色またはグラム染色して鏡検する（図2-10）。

病変部の擦過には、サイトブラシ、スパーテル、細い滅菌綿棒などを用いる。

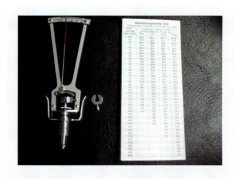

図2-11　圧入式眼圧計

12. 眼圧測定

眼圧計を用いて眼圧（intraocular pressure, IOP）を測定する検査を眼圧測定という。眼圧計にはその測定原理から圧入式（図2-11）、圧平式（図2-12）、反張（リバウンド）式があるが、どの方法も眼圧を直接測定することはできず、房水の角膜にかかる圧を眼圧に換算して測定している。獣医学領域で用いられている眼圧計はどれも角膜に直接接触するため、反張式を除いて測定前には局所麻酔薬を点眼する。

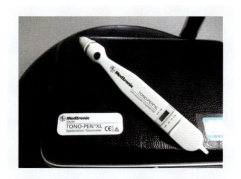

図2-12　圧平式眼圧計（トノペン）

眼圧の基準値は測定する機器により多少異なるが、犬では10～20 mmHg、猫では15～25 mmHg、馬では15～25 mmHgである。眼圧が高値を示した時は緑内障が疑われ、逆に低値を示した時はぶどう膜炎、角膜穿孔などが疑われる。

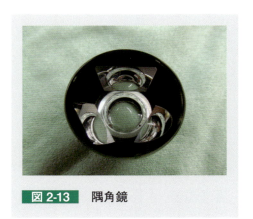
図 2-13　隅角鏡

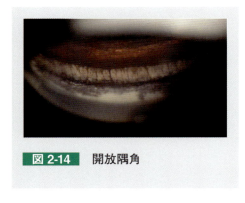
図 2-14　開放隅角

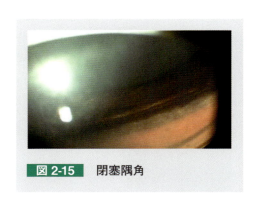
図 2-15　閉塞隅角

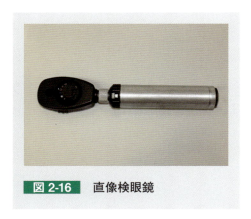
図 2-16　直像検眼鏡

13. 隅角検査

　隅角とは強角膜と虹彩が会合する部位で、房水の排出路である。隅角の観察には隅角鏡（gonioscope、図 2-13）と細隙灯顕微鏡が必要である。隅角鏡は直接角膜上に設置するため、検査前には局所麻酔薬を点眼する。また、隅角鏡と角膜の接着をよくするため、メチルセルロースを隅角鏡の角膜接触面に滴下する。

　隅角検査（gonioscopy）では、隅角の開放程度（開放隅角、図 2-14）、狭隅角、閉塞隅角（図 2-15）や異形成の有無、腫瘍の浸潤状態などを評価する。

14. 眼底検査

　網膜および視神経を評価するために眼底検査（funduscopy）を実施する。眼底検査には直像鏡検査と倒像鏡検査があり、直像鏡検査では直像検眼鏡（図 2-16）を、倒像鏡検査では凸レンズ（図 2-17）と光源を用いて検査する。

　直像鏡検査は眼底像の逆転がなく、眼底を高い倍率で観察できるが、一度に広範囲の眼底を観察することはできない。倒像鏡検査では、眼底像は上下、左右が逆転した倒像として描出される。使用する凸レンズの屈折度を変えると高倍率でも、低倍率（広角）でも眼底を観察することができる。眼底検査は散瞳剤を点眼し、散瞳状態で行うことが望ましい。

眼底検査では、網膜血管の太さ、分布、出血などの異常、視神経乳頭の色や形などを評価する（図2-18）。また、タペタムが存在する動物であれば、タペタム反射の程度も観察する。タペタムは脈絡膜に存在し、眼底検査の際に検者は透明な網膜を介してタペタムを観察できる。進行性網膜萎縮など網膜の萎縮性疾患により網膜が菲薄化すると、タペタムの反射は通常よりも強くなる。

図 2-17　20D 凸レンズ

15. 超音波検査

中間透光体（角膜、前房、水晶体、硝子体）の混濁により眼内の観察ができない時、眼内に腫瘍が確認された時、眼の組織の大きさまたは厚さを計測する時に超音波検査（ultrasonography）を行う。超音波検査は、7.5 MH以上の振動子（プローブ）を用いて、Bモードで評価する。超音波プローブは眼瞼を介して、もしくは直接眼球に当てる。プローブを直接眼球に当てる場合は、検査前に局所麻酔薬を点眼する。プローブを直接眼球に当てたほうが鮮明な画像が得られるが、角膜に障害を起こすおそれがあるため、眼瞼を介したほうが安全である。

プローブは、眼球に対して水平方向および垂直方向、場合により斜め方向

図 2-18　健常犬の正常眼底

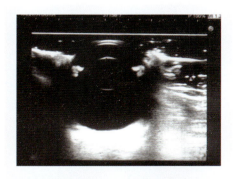

図 2-19　健常犬の眼球超音波像

から当てる。正常眼では図2-19で示すように、角膜、水晶体、虹彩、眼底が描出される。混濁のない水晶体は、通常、前嚢と後嚢しか描出されない。

16. X線検査

眼科疾患の診断において、X線検査（X-ray examination）はあまり行われないが、眼窩内病変の評価、鼓室胞の評価、眼球腫瘍の遠隔転移の評価などに用いられる。

鼓室胞の評価は、ホルネル症候群（眼を支配する交感神経の除神経により生じる疾患）の診断時に行う。また、造影剤を用いて、鼻涙管を評価することもある。涙液は、上下内眼角の眼瞼結膜に開口する涙点から涙小管を通り、上下の涙小管が集合し、鼻涙管を通って鼻腔に流れ出る。そのため、涙液の排出異常があり、鼻涙管の閉塞や形成異常が疑われる場合には造影X線検査が必要となる。

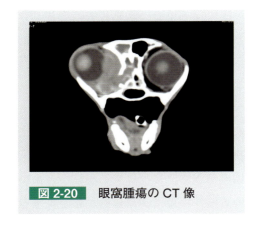

図 2-20　眼窩腫瘍のCT像

17. CT検査

眼窩内や頭蓋内の病変が疑われる症例に対してCT検査を実施する。CT検査により、骨折の状態や腫瘍などの占拠性病変が周囲組織にどのように浸潤しているのか、また、どのような位置関係にあるのかを評価することができる（図 2-20）。

18. MRI検査

MRI検査は骨からのアーチファクトが少なく、軟部組織のコントラスト分解能がCTよりも優れている。視神経、視交叉、脳内の病変評価に用いる。

19. 網膜電図検査

網膜電図（electroretinogram, ERG）検査は、網膜、特に視細胞の光刺激に対する機能を評価する検査である。眼球は一種の電池にたとえられ、眼球をはさんで得られる電位を「常存電位」という。この常存電位は光刺激により変化するが、その変化がERGである。ERG検査には、網膜全域を光刺激して得られるフラッシュERG、網膜の一部分を光刺激して得られる局所ERG、パターン反転刺激を用いるパターンERGなどがあるが、多用されるのはフラッシュERGである。

ERGを記録するためには、光刺激装置、電極、増幅器、加算装置、記録器が必要になる。ERG検査は、鎮静下または全身麻酔下で実施する。意識下でも検査可能ではあるが、体動による筋電図が混入してしまい、純粋なERG波形が記録されず評価が困難になることもある。電極は網膜をはさむように関電極と不関電極を設置する。一般的にはコンタクトレンズ型の関電極を角膜上に、皿型または針型の不関電極を側頭部または前額部に設置する。光刺激装置は網膜全域を刺激する必要があるため、Ganzfeld刺激装置と呼ばれるドーム状の光刺激装置を用いる

が、Ganzfeld 刺激装置と同等の網膜刺激が可能な刺激光源をコンタクトレンズ電極に内蔵したタイプもある。

図 2-21 に、暗順応時間 30 分、白色 LED による網膜刺激（刺激強度 3.0 cd/m^2/秒）で記録した健常犬の ERG 波形を示した。

光刺激後、最初に現れる大きな陰性波を a 波と呼ぶ。その発生起源は視細胞である。この a 波に続いて現れる大きな陽性波を b 波と呼ぶ。その発生起

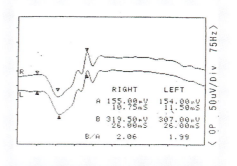

図 2-21
健常犬の杆体錐体混合 ERG 波形

源は双極細胞およびミュラー細胞といわれている。また、b 波に重なるようにみられる数個の小波を op 波と呼び、その発生起源はアマクリン細胞である。獣医学領域において op 波の評価は確立されておらず、ERG を評価する際には主に a 波と b 波の振幅および頂点潜時を評価する。網膜の機能が低下すると、振幅は減弱し、頂点潜時は延長する。

ERG 波形は、暗順応時間、瞳孔径、麻酔深度、酸素分圧、体温など、さまざまな因子に影響される。暗順応とは、明るい環境から暗い環境に変わった時、網膜の光に対する感受性が時間とともに増加する自動調整機構のことである。つまり、明るい環境下にいた動物の ERG を記録すると、網膜の光の感受性は低く、ERG 振幅は低下する。暗順応時間は犬では約 20 〜 30 分以上が目安である。ERG 検査を行う際には、瞳孔は対光反射（PLR）が消失するまで散瞳させておく必要がある。縮瞳した状態で ERG 検査を行うと網膜に到達する光量が低下する。その結果、光刺激される網膜の領域が低下し、結果的に ERG 振幅は低下する。

20. 視覚誘発電位

視覚誘発電位（visual evoked potential, VEP）は、視覚刺激による大脳皮質の脳波を記録する検査である。波形には視路のすべてが反映される。視覚刺激には、フラッシュ刺激、テレビモニターに格子模様を映し、それを反転させるパターン反転刺激がある。電極は、前額部と後頭結節付近に設置する。獣医学領域では、毒性試験のような基礎実験／試験領域で実施されることが多い。

21. 蛍光眼底造影検査

蛍光眼底造影検査（fundus angiography）は、蛍光色素剤を静脈内投与し、特殊な波長の光で眼底を観察し、眼底の血管病変や炎症性病変を検出する検査である。使用する造影剤には、フルオレセインとインドシアニングリーンがある。

■ フルオレセイン蛍光眼底造影検査

フルオレセイン蛍光眼底造影検査（fluorescein fundus angiography）では、フルオレセインを 10 mg/kg 静脈内投与し、波長 480 nm の励起光を照射する。フルオレセイン色素が波長ピーク 520 nm（495〜600 nm）の蛍光を発するため、その蛍光を濾過フィルター（主透過波長 520 nm）を通して高感度白黒フィルムで撮影・評価する。主に網膜・脈絡膜の循環状態、網膜血管および網膜色素上皮に存在する血液 - 網膜関門を評価する（図 2-22）。

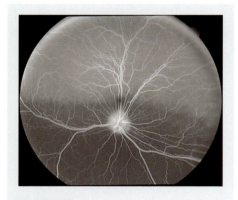

図 2-22
健常犬のフルオレセイン蛍光眼底造影像

■ インドシアニングリーン蛍光眼底造影検査

インドシアニングリーン蛍光眼底造影検査（indocyanine green fundus angiography）では、インドシアニングリーンを 1.0 mg/kg 静脈内投与する。インドシアニングリーンの最大吸収波長は 780 nm、蛍光波長は 810 nm である。最大吸収波長および蛍光波長が近赤外領域にあるため、網膜色素上皮を容易

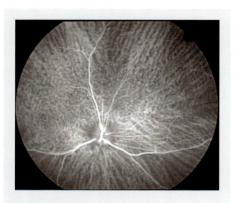

図 2-23
健常犬のインドシアニングリーン蛍光眼底造影像

に透過して脈絡膜まで達する。そのため、脈絡膜中のインドシアニングリーンが励起されて蛍光を発する（図 2-23）。主に脈絡膜の循環状態や血管を評価する。脈絡膜血管の破綻や透過性が亢進していると、蛍光色素剤が漏出して過蛍光が観察される。一方、血管に梗塞などがあると、その先の領域に蛍光色素剤が届かず低蛍光領域が観察される。

2-2 眼科手術

到達目標	眼科手術に必要な器具、機材の取扱い、滅菌法、使用法、手術時に使用する薬、各種手術法の原理とその手技を説明できる。
キーワード	開瞼器、鑷子、剪刃、ナイフ、持針器、縫合糸、消毒薬、散瞳薬、粘弾性物質、眼球摘出術、眼瞼内反矯正術、結膜被覆術、瞬膜被覆術、瞬膜腺整復術、水晶体嚢内摘出術、水晶体嚢外摘出術、超音波水晶体乳化吸引術、毛様体光凝固術

1. 眼科手術用器具

　顕微鏡手術用の器具は、その長さが保持しやすく、かつ操作しやすいように設計されている。器具が長すぎると、顕微鏡の視野から外れて非滅菌領域へ器具が接触することにより汚染を生じることがある。顕微鏡手術用器具の長さは、おおむね 100 mm である。また、多くの顕微鏡手術用器具は術野を妨げることを最小限にするため角度がついている。これらは特殊な作業をするためと眼科手術に必要な機能を備えるよう開発されている。

■開瞼器

　開瞼器（eye speculum）は、上下の眼瞼を牽引し、結膜、角膜、眼球の露出を増大させるために用いる。開瞼器は眼瞼を最大限開瞼させるだけの強度を有していなければならないが、同時に角膜および眼球への圧迫を避けるためできるだけ軽くなければならない（図 2-24）。

■鑷　子

　眼にはさまざまな種類の組織が存在するため、先端が特殊化した組織鑷子（forceps）が多種類ある。
- 霰粒腫鑷子：眼瞼腫瘤、霰粒腫の手術に用いられる鑷子である。鑷子を眼瞼にはさむことで、特殊なプレー

図 2-24　開瞼器

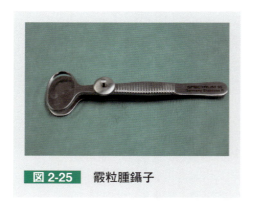
図 2-25　霰粒腫鑷子

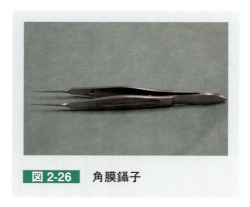
図 2-26　角膜鑷子

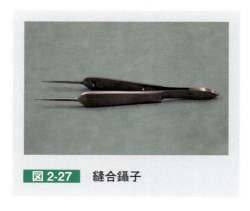
図 2-27　縫合鑷子

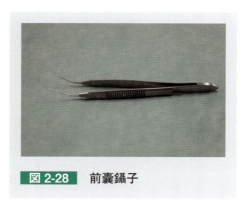
図 2-28　前囊鑷子

　トの圧力により止血しながら眼瞼腫瘍を切除することができる（図 2-25）。
- 角膜鑷子：線維層である角膜や角膜輪部を把持するため、角膜鑷子の先端は1×2の歯が一般的であるが、把持部位への損傷を最小限にするため非常に細かく設計されている（図 2-26）。
- 縫合鑷子：顕微鏡下で非常に細い縫合糸を縫合する時に用いる鑷子である。鑷子の先端から近位側にプラットホームと呼ばれる接合面が平滑になっている部位があるのが特徴である（図 2-27）。
- 前囊鑷子：白内障手術時、前囊の保持および破囊に用いる鑷子である。前房内へ挿入するため、細く長いシャフトと先端を有する（図 2-28）。

■剪刃

　鑷子と同様、剪刃（scissors）も特殊で多くの種類がある。
- 結膜剪刃：結膜の切開や剝離を行う際に使用する。縫合糸を切る時に使用することもある。先端は、直または曲、ならびに鈍または鋭のものがある（図 2-29）。
- 角膜剪刃：眼内手術時、角膜の切開創を左右に広げるために使用する。角膜剪刃は右および左のペアで使用することがある（図 2-30）。

図 2-29　結膜剪刀（マイクロスプリング剪刀）

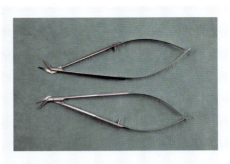

図 2-30　角膜剪刀

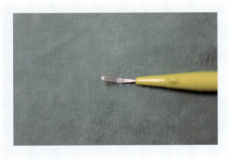

図 2-31　クレセントナイフ

図 2-32　スリットナイフ

- 虹彩剪刀：虹彩は非常にもろい血管性組織であるため、虹彩剪刀は小さく、繊細なデザインとなっている。虹彩根部の切除や角膜穿孔部から脱出した虹彩を切除する際に用いる。

■ナイフ

　眼科手術では角膜や強膜を穿孔して前房内にアプローチしたり、角膜や強膜の層間を切開するため、その用途にあわせてさまざまなタイプのナイフ（knife）がある。

- クレセントナイフ：強膜トンネルの作成など切開創を水平方向へ広げる時、あるいは角膜表層切除や強膜半層切開時に用いる。ベベルが上向きのものと下向きのものがある（図 2-31）。層間切開時には上向きのものは切開創が深く、下向きのものはそれが浅くなりがちである。
- スリットナイフ：前房刺入時の角膜切開に使用する（図 2-32）。
- MVRナイフ：前房刺入時や前囊切開時に使用する（図 2-33）。

■持針器

　眼科手術では、かなりの時間を術創の縫合に費やすため、持針器（needle

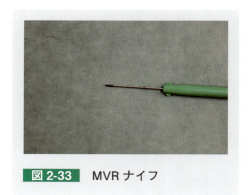
図 2-33　MVR ナイフ

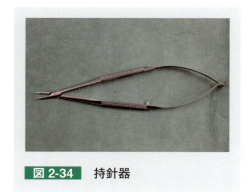
図 2-34　持針器

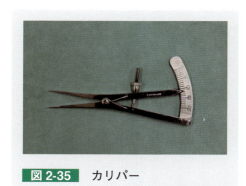
図 2-35　カリパー

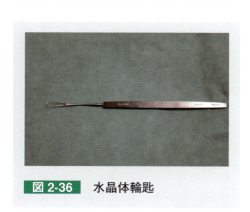
図 2-36　水晶体輪匙

holder）の選択は重要である。顕微鏡手術用の持針器の長さは約 100 ～ 120 mm である。眼科用の持針器には、針を把持してロックする機能がついているものがあるが、このロックを解除した時にその衝撃で組織を損傷することがあるため、角膜手術にロック付き持針器は不向きである（図 2-34）。

■縫合糸

　縫合糸は、非吸収糸と吸収糸が用いられる。非吸収糸として最も多く用いられるのはナイロンである。非吸収糸は、眼瞼縫合、瞬膜被覆術、瞬膜腺脱出整復術（アンカリング法）などで用いられ、そのサイズは 5-0 ～ 7-0 である。吸収糸はポリグラクチン 910 が多く用いられている。眼瞼の深層、結膜、瞬膜、角膜の縫合時に用いられ、そのサイズは 6-0 ～ 9-0 である。

■その他

- カリパー：眼科手術時に長さを計測する器具である。1 mm ごとに最大 20 mm まで計測することができる（図 2-35）。
- 水晶体輪匙：水晶体嚢内摘出術の際に、水晶体を滑らせて娩出する器具である。先端は卵円形または円形で、スプーンのような形状をしている（図 2-36）。

- 人工挿入物：
    - 眼内レンズ（intraocular lens, IOL）：白内障眼で混濁した水晶体を除去した後、眼の屈折度を矯正するために挿入するレンズである（図 2-37）。虹彩上に設置する前房レンズと水晶体嚢内に挿入する後房レンズがある。現在は後房レンズが主流である。レンズの素材は、アクリル、ポリメチルメタクリレートなどである。挿入するレンズの屈折度は、犬用で＋41ジオプター、猫用で＋53ジオプター、馬用で＋14ジオプターである。
    - シリコンボール：強膜内シリコン義眼挿入術で強膜内に挿入するシリコン製のボールである（図 2-38）。大きさは直径 12 mm から 1 mm ごとに 22 mm までと、その他に 24 mm と 26 mm のものがある。
    - 緑内障治療用前房インプラント：結膜下に設置する本体と、前房内に挿入するシャントチューブからなる（図 2-39）。一定の眼圧になると弁が開くバルブタイプと、弁のないノンバルブタイプがある。素材はシリコンである。

図 2-37　眼内レンズ

図 2-38　シリコンボール

図 2-39　前房インプラント

2.　眼科手術用薬剤

■消毒薬

　術野の消毒は、眼科手術時と術後感染の予防から重要である。眼瞼および眼周囲の皮膚は、他の部位の皮膚消毒と同じように消毒薬としてヨード（ポビドンヨード）を用いる。眼球の消毒は角結膜障害を避けるため、10％ヨードを 10〜50 倍に希釈して使用する。近年では、オゾンガスを溶解したオゾン水が眼球の消毒に用いられることもある。

■縮瞳薬

眼科手術時に縮瞳薬（miotics）を使用することは少ないが、白内障手術時に挿入した眼内レンズが囊内から脱出するのを防ぐ目的で使用されることがある。アセチルコリンの注射薬100mgを20mlの眼内灌流液で希釈し、前房内に注入する。

■散瞳薬

水晶体、硝子体、網膜などの手術では手術前に散瞳処置が必要なことがある。散瞳薬（mydriatics）は、一般的に、1％アトロピン、0.5％トロピカミド、もしくは0.5％トロピカミドと0.5％フェニレフリン合剤の点眼薬が用いられる。術中に散瞳させる場合には、前房内に0.1％エピネフリン注射液を10倍希釈して注入する。

■粘弾性物質

粘弾性物質（viscoelastics）とは、粘性と弾性の性質をもっている物質のことをいう。粘性とは、一定の応力を与えつづけると液体にみられるように流動しはじめる性質のことをいう。弾性とは、一定の応力を加えると固体のように歪みが生じ、力を取り除くと元に戻ろうとする性質のことをいう。粘弾性物質は、眼内手術時に眼球の容積保持と眼内環境維持のために必要不可欠な手術用薬である。代表的な粘弾性物質として1％ヒアルロン酸ナトリウムがあげられる。

■眼内灌流液

眼内灌流液（intraocular irrigating solution）も粘弾性物質と同様、眼内手術時に眼内容物を吸引・除去したことにより生じた空間を充填して眼内環境を維持するのに不可欠なものである。眼内灌流液にはカルシウムイオンやオキシグルタチオンイオンが含まれている。カルシウムイオンは、角膜内皮細胞の接着接合（adherens junction）の維持に必要とされている。角膜内皮細胞の接着接合は、角膜内皮のバリア機能を担っており、これが破綻すると房水が角膜内へ流入して、角膜浮腫を惹起する。オキシグルタチオンも角膜内皮を維持するのに有用な薬剤である。

■線維素溶解薬

炎症により前房内に生じたフィブリンを溶解し、虹彩の癒着、隅角の閉塞を防止または改善する目的で線維素溶解薬（fibrinolytics）は使用される。代表的な線維素溶解薬として、組織プラスミノーゲンアクティベーターがあげられる。組織プラスミノーゲンアクティベーターは、1眼あたり25 μgを前房内に投与する。効果は投与後15〜30分で現れる。

3. 眼科手術法

■眼球と眼窩の手術

- **眼球摘出術**（enucleation）：局所切除が不可能な眼内腫瘍、全眼球炎、慢性緑内障などの時に適用される。経眼瞼アプローチ法と経結膜アプローチ法がある。いずれもすべての外眼筋および視神経を切断して眼球を摘出するが、経結膜アプローチ法では眼球結膜が残る。
- **眼窩内容除去術**（orbital evisceration）：眼窩の腫瘍や眼窩組織に浸潤している眼内腫瘍に適用される。眼球、結膜、瞬膜、外眼筋、眼窩脂肪など、眼窩内の全組織を摘出する。
- **眼球脱出整復術**（correction of proptosis）：外傷などによって脱出した眼球を眼窩内に整復する手術である。眼球は無理に押し込まず、眼瞼に鉗子または糸をかけて、眼瞼を引き上げるようにしてそれを眼窩内に整復する。
- **眼内義眼を用いた眼球内容除去術**（evisceration with an intraocular prosthesis）／**強膜内シリコン義眼挿入術**（intrascleral silicone prosthesis）：慢性緑内障や慢性ぶどう膜炎などの時に適用される。背側強膜を約160度切開して眼球内容物を除去した後、シリコンボールを挿入する。

■眼瞼の手術

- **眼瞼内反矯正術**（correction of entropion）：先天性および後天性の眼瞼内反症に適用される。内反している眼瞼周囲の皮膚を切除して縫合するHotz-Celsus法は、さまざまな型の眼瞼内反症に用いられる。2～4週齢の子犬では、眼瞼周囲の皮膚を一時的に縫合して外転させるタッキングスーチャー法が用いられる。
- **眼瞼外反矯正術**（correction of ectropion）：先天性および後天性の眼瞼外反症に適用される。眼瞼外反症の手術では、主に眼瞼を短くする外側眼瞼くさび状切除術、V-Y縫合術、Kuhnt-Szymanowski法、Kuhnt-Helmbold法などがある。
- **眼瞼腫瘍切除術**（excision of eyelid mass）：眼瞼およびその周囲に生じた腫瘍の切除術である。眼瞼全層のV字、または四辺切除が基本となる。切開の長さが瞼裂長の1/4～1/3よりも大きくなった場合には眼瞼の再建が必要となる。
- **眼瞼再建術**（reconstructive blepharoplasty）：眼瞼腫瘍切除術時に、大きく切除した眼瞼の欠損部を補う手術である。Z型皮弁形成術、半円型皮膚移植、スイッチフラップ法などがある。
- **異所性睫毛切除術**（resection of ectopic distichiasis）：眼瞼結膜から眼球側に向かって発生する睫毛を異所性睫毛という。睫毛の発生している眼瞼結膜をメスで毛根ごと切除する。
- **外眼角切開**（lateral canthotomy）：眼科手術時、瞼裂が狭く、十分な術野が確

保できない場合に外眼角の切開が行われる。ほとんどの中頭種および長頭種における角膜手術や眼内手術で外眼角切開が用いられている。外眼角の眼瞼を5〜15 mm 切開するが、切開は外側の眼窩靭帯を超えてはならない。
- 眼瞼縫合（tarsorrhaphy）：眼表面の露出を防ぐため、または眼球脱出の整復後に行われる。上下の眼瞼を一時的に閉鎖するもので、眼瞼裂全部を縫合する場合と、一部を縫合する場合がある。眼瞼裂全部を縫合すると、その間は眼球の観察ができないという欠点がある。

■ 結膜と瞬膜の手術
- 結膜被覆術（conjunctival graft/flap）：潰瘍性角膜炎時に行う。角膜の潰瘍部を結膜で覆うことで潰瘍部の支持と血液供給を行い、潰瘍の修復を促す。術後に瘢痕による混濁が残る。被覆する結膜の使い方により、全周結膜被覆術、有茎結膜被覆術、中心橋状結膜被覆術、島状結膜被覆術などに分けられる。
- 瞬膜被覆術（nictitating membrane flap）：潰瘍性角膜炎、または眼表面の露出を防ぐために行われる。角膜を瞬膜で覆うことにより潰瘍部を物理的に保護し、さらに角膜の露出による乾燥を改善させることで角膜潰瘍の修復を促す。瞬膜を上眼瞼、または強膜に縫合する。瞬膜を被覆している間は眼球の観察ができないという欠点があり、感染性潰瘍性角膜炎では禁忌である。
- 瞬膜腺整復術（surgical replacement of the prolapsed gland of the nictitating membrane）：瞬膜を覆っている結膜内に脱出した瞬膜腺を埋没するポケット法と、瞬膜腺を眼窩骨膜、腹側直筋（下直筋）などに縫着するアンカリング法がある。
- 瞬膜切除術（excision of the nictitating membrane）：瞬膜に生じた腫瘍で局所切除が不可能なものに対して行う。瞬膜腺も含めて瞬膜を基部から切除する。瞬膜腺は、犬では涙液の 30〜50％ を分泌しているため、切除後の涙液減少症に注意する必要がある。

■ 角膜の手術
- 結膜被覆術：「結膜と瞬膜の手術」の項を参照のこと。
- 角膜表層切除術（superficial keratectomy）：角膜類皮腫、猫の角膜分離症（角膜黒色壊死症）、角膜または輪部の腫瘍、角膜異物などに対して適用する。角膜上皮と実質を切除するが、切除する厚さは病変の深さによって異なる。切除後の角膜欠損が角膜実質深部に及ぶ場合には、結膜移植や角膜移植により欠損部を補う。
- 格子状角膜切開術（grid keratotomy）：再発性角膜上皮糜爛に適用する。糜爛が生じている角膜に、20〜22 G もしくは細い 27〜30 G の注射針を用いて、

約 0.5 〜 1.0 mm 間隔で、実質浅層まで角膜を格子状に切開する（傷をつける）。なお、小さなゲージの注射針では切開が深くなりすぎることもあるため、注意しなければならない。
- 点状角膜切開術（punctate keratotomy）：格子状角膜切開術と同様に、再発性角膜上皮糜爛に適用する。糜爛が生じている角膜に、20 〜 23 G の注射針を用いて、実質浅層まで角膜を穿刺切開する。

■水晶体の手術
- 水晶体嚢内摘出術（intracapsular cataract〈lens〉extraction）：水晶体脱臼、または水晶体変位により水晶体超音波乳化吸引術が困難な白内障症例に適用する。背側輪部または強膜を約 120 度切開し、嚢に包まれた水晶体をそのまま摘出する。水晶体は、水晶体輪匙または冷凍凝固装置により摘出する。水晶体を摘出した眼は重度の遠視状態となる。
- 水晶体嚢外摘出術（extracapsular cataract〈lens〉extraction）：通常の白内障、または水晶体超音波乳化吸引術が困難な白内障症例に適用する。前房にアプローチした後、水晶体前嚢を円形に切除し、そこから水晶体を摘出する。残存した水晶体皮質は吸引・除去する。
- 超音波水晶体乳化吸引術（phacoemulsification and aspiration）：白内障症例に適用する。前房にアプローチした後、水晶体前嚢を円形に切除する。水晶体を超音波乳化吸引装置により破砕・吸引する。その後、残存した水晶体皮質を吸引・除去する。
- 眼内レンズ挿入術（placement of an IOL）：IOL は、水晶体嚢内に挿入する後房レンズが主流である。水晶体嚢外摘出術または超音波水晶体乳化吸引術を行った後、水晶体嚢内に IOL を挿入する。挿入する IOL には、レンズを折りたたまずに挿入する unfoldable IOL、眼内レンズを折りたたみ挿入器を用いて小さな切開創から挿入する foldable IOL がある。また、挿入する IOL の屈折度数は、犬では＋41 ジオプター、猫では＋53 ジオプターである。

■緑内障の手術
- 前房穿刺（anterior chamber centesis）：原発性緑内障で緑内障手術の前処置として、もしくは薬物により十分な眼圧降下が得られない場合に実施する。房水を臨床検査に供する場合にも行う。27 〜 30 G の細い注射針を、角膜、虹彩、および水晶体に接触しないように角膜輪部から前房内に刺入する。眼球に過度な圧がかかり眼内組織に損傷を及ぼすおそれがあるため、房水をシリンジで吸引してはならない。
- 角強膜管錐術／角強膜穿孔術（corneoscleral trephination）：視覚を有する緑内

障眼に適用する。強膜から前房に 2 × 4 mm ほどの小孔を作成し、そこから結膜下へ房水を流出させて、眼圧を降下させる。

- シャントチューブ設置術（implantation of a filtering device/an anterior chamber shunt）：視覚を有する緑内障眼に適用する。前房内にシャントチューブを挿入し、インプラント本体を強膜上に設置して、結膜下へ房水を流出させて眼圧を降下させる。前房インプラントには、一定の眼圧になると弁が開くバルブタイプと、弁がないノンバルブタイプがある。

- 毛様体光凝固術（cyclophotocoagulation）：視覚を有する、または喪失した緑内障眼に適用する。レーザーにより毛様体を凝固・破壊し、房水の産生量を減少させて眼圧を降下させる。レーザーには、半導体レーザー、Nd-YAG レーザーなどを用いる。レーザー照射は、強膜を介して行う経強膜毛様体光凝固術（transscleral laser cyclophotocoagulation）が主流であったが、近年、眼内内視鏡を用いて毛様体を直接観察しながらレーザー照射を行う方法も用いられている。

- 毛様体冷凍凝固術（cyclocryotherapy/cyclocryothermy）：視覚を喪失した緑内障眼に適用する。強膜を介して毛様体組織を冷凍凝固・破壊し、房水の産生量を減少させて眼圧を降下させる。

- 薬物による毛様体破壊術（cyclodestructive procedure）：視覚を喪失した緑内障眼に対して、眼球摘出術の簡易代替法として適用する。注入薬剤はゲンタマイシンで、ゲンタマイシンの細胞毒性により毛様体が破壊され、房水産生量が減少して眼圧が降下する。輪部から 7 〜 8 mm の背側結膜より眼球の中心（視神経乳頭）に向かって 23 〜 25 G の注射針を刺入して硝子体液を吸引した後（硝子体液が吸引できないこともある）、ゲンタマイシンを 1 眼あたり 15 〜 25 mg と消炎目的でデキサメサゾン 1.0 mg を注入する。術後、眼球が萎縮し、眼球癆化することが多い。

■ 網膜と硝子体の手術

- 網膜剥離整復術（surgical procedure for retinal detachment）：裂孔原性網膜剥離に適用する。硝子体を切除した後、神経網膜を空気やシリコンオイルなどで整復し、レーザーで網膜を光凝固する。

自習項目

1. 各眼科検査の意義、検査法、および使用器材について学習する。
2. 眼科手術に使用する器具について学習する。
3. 眼科手術時に使用する薬剤について学習する。
4. 各眼科疾患に対する手術法（術式）について学習する。

【参考図書】
1. Gelatt, K. N.（2007）：Veterinary Ophthalmology 4th ed., Blackwell Publishing, Iowa.
2. Gelatt, K. N. and Gelatt, J. P.（2011）：Veterinary Ophthalmic Surgery, Saunders, Philadelphia.
3. Gilger, B.（2011）：Equine Ophthalmology, 2nd ed., Saunders Elsevier, St. Louis.
4. Heckenlively, J. R. and Arden, G. G. B.（2006）：Principles and Practice of Clinical Electophysiology of Vision, MIT Press, Cambridge.
5. 井上幸次, 渡辺 仁, 前田直之, 西田幸二 編（2003）：角膜クリニック 第2版, 医学書院, 東京.
6. 丸尾敏夫, 本田孔士, 臼井正彦, 田野保雄 責任編集（2004）：眼科ガイドシリーズ 眼科検査ガイド, 文光堂, 東京.
7. 丸尾敏夫, 本田孔士, 臼井正彦, 田野保雄 責任編集（2004）：眼科ガイドシリーズ 眼科薬物治療ガイド, 文光堂, 東京.
8. Slatter, D.（2001）：Fundamentals of Veterinary Ophthalmology 3rd ed., Saunders, Philadelphia.

第2章　演習問題

問1　光を感受する経路（視路）として正しいものはどれか。
(1) 網膜→視神経→視交叉→視索→外側膝状帯→視放線→大脳皮質
(2) 網膜→視索→視交叉→視神経→外側膝状帯→視放線→大脳皮質
(3) 網膜→視放線→視交叉→視神経→外側膝状帯→視索→大脳皮質
(4) 網膜→視神経→視索→視交叉→外側膝状帯→視放線→大脳皮質
(5) 網膜→視神経→視索→視放線→視交叉→外側膝状帯→大脳皮質

問2　健常犬におけるシルマー涙液試験Ⅰ法の値として正しいのはどれか。
(1) 5 mm/分以上
(2) 10 mm/分以上
(3) 15 mm/分以上
(4) 25 mm/分以上
(5) 30 mm/分以上

問3　健常犬の眼圧として適当なのはどれか。
(1) 5 mmHg
(2) 15 mmHg
(3) 25 mmHg
(4) 35 mmHg
(5) 45 mmHg

問4　網膜電図の各波の起源として正しいのはどれか。
(1) a波：視細胞、b波：双極細胞
(2) a波：アマクリン細胞、b波：双極細胞
(3) a波：視細胞、b波：網膜色素上皮細胞
(4) a波：双極細胞、b波：視細胞
(5) a波：双極細胞、b波：アマクリン細胞

問 5 眼球の消毒に用いられる薬剤として適当なものはどれか。

(1) ポピドンヨード
(2) エタノール
(3) ヒビテンアルコール
(4) 界面活性剤
(5) 次亜塩素酸ナトリウム

解答および解説

問1　正解　(1)

解説：視路は、網膜→視神経→視交叉→視索→外側膝状体→視放線→大脳皮質であるので、正解は(1)である。

問2　正解　(3)

解説：犬のシルマー涙液試験Ⅰ法の正常値は15mm/分以上である。10mm/分よりも減少している場合は、乾性角結膜炎が疑われる。

問3　正解　(2)

解説：健常犬の眼圧は10～20mmHgである。眼圧が低値を示す場合はぶどう膜炎、高値を示す場合には緑内障が疑われる。

問4　正解　(1)

解説：網膜電図a波の起源は視細胞、b波の起源は双極細胞およびミュラー細胞、op波の起源はアマクリン細胞である。

問5　正解　(1)

解説：眼科手術時に眼球の消毒に用いられる薬剤はヨードである。一般的には、10％ヨード液を10～50倍に希釈して用いる。エタノール、ヒビテンアルコール、界面活性剤、および次亜塩素酸ナトリウムはいずれも角結膜障害を起こすので使用しない。

第3章 眼球外の疾患

著：金井一享

一般目標

眼窩、眼瞼、瞬膜（第三眼瞼）、結膜、涙器系の各疾患の原因、病態、臨床症状、診断法および治療法について修得する。

3-1 眼窩の疾患

到達目標 眼窩疾患（眼球突出、眼球脱出）の原因、病態、臨床症状、診断法および治療法を説明できる。

キーワード 眼窩膿瘍、眼球突出、眼球脱出、眼窩腫瘍

■眼窩疾患概論

　眼窩疾患は決して珍しいものではない。なぜなら、眼窩は、口腔、歯根、鼻腔、副鼻腔と薄い骨壁のみで接するため、これら疾患の影響を受けやすいからである。眼窩には、眼球、視神経、涙腺、外眼筋およびこれらと関連する血管と神経が存在する。解剖学的に以上の構造物は、吻側の基部と尾側の尖部からなる円錐形様の形状をしており、それらは眼窩骨膜中に収められている。

- 臨床症状：眼窩疾患は、眼窩の容積変化とそれに伴う機能障害を生じさせる。眼窩容積の変化は、**眼球突出**（眼球が前方に変位するも眼瞼はいまだ眼球前方に位置する状態のこと）あるいは眼球陥凹の原因となる。機能障害は、眼球運動の制限、斜視、斜位、瞳孔不同、視覚喪失、上強膜血管の怒張と涙液産生異常などである。また、瞬膜突出、眼窩周囲の腫脹、兎眼、結膜の充血またはうっ血および浮腫、眼振、開口時の疼痛や開口困難を示すこともある。ただし、これらの症状は、眼窩疾患に特異的なものではないため、注意する必要がある。
- 診断：眼窩は直接検査することができないため、身体一般

検査、完全な眼科学的検査、神経眼科学的検査に加えて、CTやMRIを用いた画像診断が必要となる。
- 視診：眼球突出あるいは眼球陥凹の程度は、罹患動物からわずかに離れ、真正面と真上から眼窩縁と中心角膜の位置を両眼で比較する。
- 触診：眼窩縁周囲を触診するとともに口腔内検査も行う。
- 画像診断：X線検査（単純X線検査では限定的）、超音波検査、CT検査あるいはMRI検査などを行う。
- 鑑別診断：眼窩膿瘍/眼窩蜂窩織炎、眼窩腫瘍、咀嚼筋炎、多発性外眼筋炎、眼窩出血、眼窩異物、動静脈シャント（先天性）、好酸球性筋炎、涙腺・瞬膜腺あるいは頬骨腺の嚢胞と腫瘍の鑑別診断が必要となる。
- 治療・予後：治療と予後は各疾患の項を参照のこと。

1. 眼窩膿瘍または眼窩蜂窩織炎

眼窩膿瘍または眼窩蜂窩織炎（orbital abscess/orbital cellulitis）は、急性の強い疼痛を伴う眼球突出、瞬膜突出と結膜充血を特徴とする疾患である（図3-1）。

- 原因・病態：歯牙疾患、副鼻腔、あるいは頬骨腺からの感染波及、軟口蓋や咽頭からの異物穿通、および眼瞼や結膜の眼窩周囲損傷などに起因する。その多くは、嫌気性細菌の感染によるが、まれに真菌や寄生虫感染なども報告されている。
- 臨床症状：眼周囲の触診と開口時に重度の疼痛を呈するとともに、片眼性の瞬膜突出、眼球突出、結膜浮腫、充血、膿性眼脂を突然発症することが多い。
- 診断：臨床所見、超音波検査とX線検査の所見から診断する。鑑別診断として、咀嚼筋炎、眼窩腫瘍、眼窩出血を除外しなければならない。
- 治療：全身性の広域性抗生物質を投与する。最後臼歯後方に腫脹がみられる場合には、口腔内への排膿処置を実施する。また、顕著な眼球突出（兎眼）がみられる時には、角膜保護剤などを点眼する。
- 予後：適切な処置を行えば、予後は良好である。

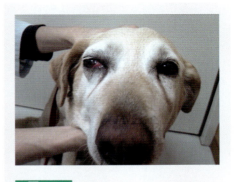

図3-1
7歳、ゴールデン・レトリーバーの眼窩膿瘍
眼瞼周囲の腫脹、眼球突出ならびに瞬膜突出がみられる。

2. 咀嚼筋炎または好酸球性筋炎

咀嚼筋炎または好酸球性筋炎（masticatory myositis/eosinophilic myositis）は、咀嚼筋（咬筋、側頭筋、

翼突筋）における自発性特発性炎症性疾患である。4歳以下のジャーマン・シェパード・ドッグ、ワイマラナー、ラブラドール・レトリーバー、ゴールデン・レトリーバー、グレート・デーン、ドーベルマン・ピンシャーなどで報告されている。

- 原因・病態：咀嚼筋固有のタイプ2M筋線維の血中抗体価の上昇やタイプ2M筋線維に対する自己抗体で咀嚼筋が染色されることから、免疫介在性疾患であると考えられている。病理組織学的には、咀嚼筋の壊死を伴う形質細胞、およびリンパ球やマクロファージ、好酸球の浸潤が認められる。
- 臨床症状：通常、発熱、咀嚼筋の腫脹と疼痛がみられ、両側性の眼球突出、瞬膜突出、上強膜血管の怒張を示す。慢性化すると、角膜露出症が続発する。この疾患は再発性で、次第に咀嚼筋が萎縮して瞬膜突出を伴う眼球陥凹を生じることがある。
- 診断：末梢血中の好酸球増加による白血球増多症がみられる。急性期には、血中クレアチンキナーゼ（CK）が上昇する。これらの臨床病理学的所見と咀嚼筋の生検が診断に利用される。慢性例では、炎症細胞の浸潤を伴わない筋線維症を示す。急性期では、眼窩膿瘍との鑑別診断が必要となる。
- 治療：急性期では、3〜4週間、全身性にコルチコステロイドを投与する。アザチオプリンの内服を行うこともある。
- 予後：再発性で、予後はよくない。

3. 外眼筋炎

外眼筋炎（extraocular myositis）は、ゴールデン・レトリーバーを含む多くの若齢犬（多くの場合で1歳以下）に起こるまれな疾患である。臨床症状として、両側性の無痛性眼球突出と眼窩軸の変位がみられる。発症した犬の約20％が視覚異常を呈する。再発を繰り返す症例では、斜視と眼球陥凹がみられるようになる。超音波検査、CT検査、MRI検査で腫脹した外眼筋を認める。

4. 外傷性眼球突出および外傷性眼球脱出

外傷性眼球突出（traumatic exophthalmos）は外的刺激により眼球が前方に変位した状態であるが、眼瞼はまだ眼球前方に位置している。これに対し、外傷性眼球脱出（traumatic proptosis）は突然起こり、眼球赤道部よりも後方に眼瞼が存在することか

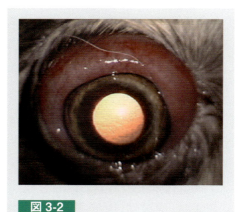

図 3-2
眼球脱出
眼球脱出と重度の結膜浮腫がみられる。

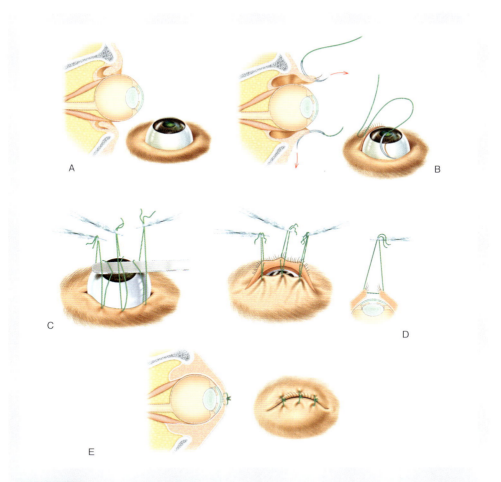

図 3-3 突出した眼球の整復法
A 突出した眼球。
B 4-0 ナイロン糸で制御糸をかける。あるいは連続水平マットレス縫合を用いて、縫合糸を眼瞼縁にかける。
C 角膜に人工涙液軟膏を塗布し、外科用メス柄をおく。
D 縫合糸を牽引して眼球を整復する。
E 眼瞼縁を縫合して完了。

ら、眼球は眼瞼に絞扼される。そのため、眼球は前方に変位して不動性となる。この絞扼は、眼球の整復を妨げる（図 3-2）。短頭種は、わずかな外傷でも突出を起こしやすい。

- 臨床症状、診断、予後：眼球突出および眼球脱出の診断は容易であるが、その予後を判断することは難しい。瞳孔の対光反射の有無は視覚の予後判断に重要であり、特に間接反応が欠如している場合は網膜あるいは視神経の損傷があることを示唆し、視覚の予後は悪い。脱出した眼球の 20％は、適切な処置により視覚機能を保つことができる。眼球突出および眼球脱出の程度は、外眼筋の損

傷程度と相関があり、内側直筋が最初に断裂することが多い。
- 治療：外傷性の眼球突出および眼球脱出は救急疾患で、眼球を眼窩に整復するため外科処置を実施し（図 3-3）、その後の内科療法を適切かつ迅速に行わなければならない。広範な眼球損傷、眼球破裂、2 直筋以上の断裂、あるいは眼内出血があれば予後は悪く、眼球摘出を考慮する必要がある。

5. その他の眼窩疾患

眼窩囊腫、眼窩静脈瘤と眼窩動静脈瘻、前頭洞ならびに頬骨粘液嚢胞、眼窩周囲の骨折、眼窩血腫、眼窩気腫などがあげられる。

6. 眼窩の腫瘍

眼窩腫瘍（orbital tumor）は眼窩に発生する腫瘍で、髄膜腫、リンパ腫（リンパ肉腫）、腺癌、線維肉腫、骨肉腫、多小葉性骨軟骨肉腫、神経膠腫、粘液腫、扁平上皮癌、横紋筋肉腫が報告されている。
- 臨床症状：眼球突出（通常、片眼性でゆっくりと進行し、無痛性）、眼球の可動性減少あるいは変位、眼窩周囲の腫脹、瞬膜突出、続発性角膜露出症、視覚喪失などがみられる。
- 診断および治療：身体一般検査と X 線検査、超音波検査、CT 検査、MRI 検査などの画像診断を利用して腫瘍の局在を特定するとともに遠隔転移の有無を評価し、細針吸引生検などにより確定診断を行う。治療は、腫瘍の種類によって異なるが、外科処置、化学療法あるいは放射線治療を単独もしくは組み合わせて行う。
- 予後：眼窩腫瘍の約 90％は悪性であることから、予後は悪い。

3-2 眼瞼の疾患

到達目標 眼瞼疾患（眼瞼内反症・眼瞼外反症、異常睫毛、眼瞼炎）の原因、病態、臨床症状、診断法および治療法を説明できる。

キーワード 眼瞼内反症・眼瞼外反症、異常睫毛、眼瞼炎

眼瞼疾患は、先天性、遺伝性（眼瞼内反症、眼瞼外反症、異常睫毛）、外傷性、炎症性（眼瞼炎）、免疫介在性、および腫瘍性に分けられる。治療は外科処置が主体となる。そのため、眼瞼の解剖と生理をしっかりと理解しておく必要がある。

1. 眼瞼内反症

眼瞼内反症（entropion）は、眼瞼縁が眼球面に内転する状態をいう。角膜面に被毛あるいは睫毛が接触することで二次的に角結膜炎を引き起こす。内反症は、上下の眼瞼の内眼角と外眼角、もしくは中央に、部分的あるいは全体的に起こる（図 3-4）。

- 原因・病態：眼瞼内反症は、先天性（品種依存性がある）、痙攣性、瘢痕性に分類される。

先天性眼瞼内反症は犬で多くみられ、猫、牛、馬ではまれである。その多くが家族性の疾患であると考えられているが、その遺伝的根拠はよくわかっていない。

　○ 下眼瞼の内反症：下眼瞼全体の眼瞼内反症がチャウ・チャウ、シャー・ペイ、ブービエ・デ・フランダース、ロットワイラーでみられる。下眼瞼外側 3/4 の眼瞼内反症は、ジャーマン・ポインター、ラブラドール・レトリーバー、ゴールデン・レトリーバーなどにみられる。下眼瞼内側の眼瞼内反症は、ペキニーズ、シー・ズー、パグ、トイ・プードル、ミニチュア・プードル、キャバリア・キング・チャー

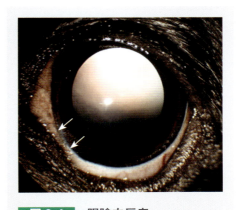

図 3-4 眼瞼内反症
下眼瞼内眼角から約 1/3 の眼瞼縁が眼球結膜と接触している（矢印）。

ルズ・スパニエル、イングリッシュ・ブルドッグなどで多くみられる。痙攣性眼瞼内反症は、角膜潰瘍などの疼痛性眼疾患に続発して起こる。猫の眼瞼内反症は、ほとんどが痙攣性によるものである。瘢痕性眼瞼内反症は、瘢痕性外傷によって引き起こされる。

　◦ 上眼瞼の内反症：上眼瞼の内反症は、ブラッド・ハウンド、チャウ・チャウ、シャー・ペイ、高齢のイングリッシュ・コッカー・スパニエルやバセット・ハウンドなどにみられる。

- 臨床症状：流涙、眼瞼痙攣、結膜充血、細菌感染による二次性の膿性眼脂がみられる。眼瞼縁の外側は流涙により湿り、被毛は変色する。被毛あるいは睫毛による慢性刺激の結果、角膜浮腫、角膜血管新生、角膜色素沈着、角膜潰瘍などの症状がみられる。角膜の損傷は三叉神経を刺激し、持続的な疼痛、重度の流涙、眼球陥凹を引き起こし、より重度の内反症を惹起する。
- 診断：臨床症状、病歴、品種に基づいて行う。内反症の検査では頭部の保定を最小限にし、内反している眼瞼縁を牽引しないようにする。点眼麻酔を滴下して、その前後で眼瞼の状態を検査する。これは、眼瞼痙攣が関与する程度と続発性もしくは原発性との鑑別に利用される。
- 治療：角膜保護処置と外科的整復術が必要となる。外科的整復術にはさまざまな方法があり、その選択は症例の年齢、品種、内反症の重症度と位置により決定する。代表的術式として Hotz-Celsus 矯正術や Y-V 縫合術があげられる。
- 予後：手術手技が正確に実施された場合、予後は良好である。

2. 眼瞼外反症

眼瞼外反症（ectropion）は眼瞼の外反で、多くの場合、下眼瞼に起こる。外反した眼瞼は眼球と接することがない（図 3-5）。

- 原因・病態：眼瞼外反症はその多くが先天性で（品種依存性がある）、遺伝的要因が関与していると考えられている。先天性以外には間欠性、麻痺性、瘢痕性の3つに分けられる。好発犬種は、ブラッド・ハウンド、セント・バーナード、グレート・デーン、ニューファンドランド、マスティフ、および複数のスパニエル種とフレンチ系の狩猟犬などである。

図 3-5　眼瞼外反症
下眼瞼中央に眼瞼縁の外反がみられる。成熟白内障と瞳孔不整があることにも注意。

- 間欠性眼瞼外反症：間欠性眼瞼外反症は、狩猟犬（レトリーバー種やセター種）にみられ、運動後あるいはリラックスしている時に症状が現れる。実際には先天性に分類される。
- 瘢痕性眼瞼外反症：瘢痕性眼瞼外反症は、外傷に続発して起こる。
- 麻痺性眼瞼外反症：麻痺性眼瞼外反症は、顔面神経麻痺で起こる。
- 臨床症状：重度の眼瞼外反症では、慢性膿性角結膜炎と慢性角膜露出症がみられる。
- 診断：臨床症状、病歴、品種に基づいて診断する。
- 治療：角膜保護処置と外科的整復術が必要となる。代表的術式として、V-Y縫合術、Kuhnt-Szymanowski法、Kuhnt-Helmbold法などがあげられる。

3. 睫毛疾患／異常睫毛

異常睫毛は、犬で非常に多いが、他の動物種ではまれである。正常な睫毛は眼瞼縁の皮膚側に生え、その先端は角膜の反対側を向くが、異常睫毛はその先端が角膜側へ向いていて角結膜と接触することでそれらを刺激する。そのほとんどが先天性と考えられている。異常睫毛は、睫毛重生（distichiasis）、睫毛乱生（trichiasis）、異所性睫毛（ectopic cilia）に分類される（図3-6）。

- 睫毛重生：睫毛重生では、異常な睫毛がマイボーム腺の開口部から出現していることが多い。睫毛重生はアメリカン・コッカー・スパニエルやプードル種など多くの犬種で観察される。
- 睫毛乱生：正常な位置から生えている睫毛や被毛が、その向きの異常により角膜と接触する場合をいう。鼻皺、眼瞼欠損、眼瞼形成不全、眼瞼内反症と関係する。
- 異所性睫毛：睫毛がマイボーム腺から生じ、その先端が眼瞼結膜から出現するため、角膜への刺激性が強く、多くの場合で角膜潰瘍を引き起こす。睫毛の生えている部位は、白色あるいは色素沈着を呈するため、十分に観察する必要がある。

睫毛疾患は両側性あるいは片側性に認められ、上下の眼瞼にみられる。ただし、異所性睫毛は上眼瞼にみられることが多い。睫毛疾患は通常、若齢期からみられる。異常睫毛罹患犬には品種依存性があり、家族性である。猫の睫毛疾患はまれである。

- 臨床症状：
  - 睫毛重生：ほとんどの場合は無症状で、多くの場合、治療の必要はない。軽度の流涙と非潰瘍性角膜炎がみられることがある。重症例では、眼瞼痙攣と潰瘍性角膜炎が認められる。
  - 睫毛乱生：軽度の流涙、非潰瘍性または潰瘍性角膜炎が認められる。先天性

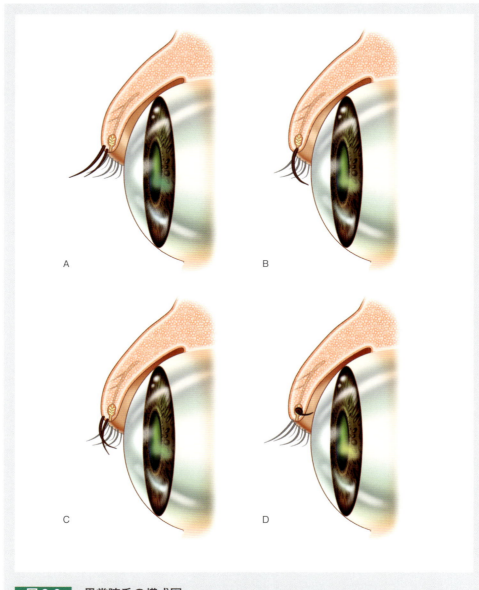

図 3-6　異常睫毛の模式図
A　正常な睫毛。マイボーム腺開口部と睫毛の位置に注目。
B　睫毛重生。睫毛がマイボーム腺の開口部から出ており、その先端が角膜に向かう。
C　睫毛乱生。正常な位置にある睫毛あるいは被毛が角膜に向かう。
D　異所性睫毛。睫毛はマイボーム腺から発生し、その先端が眼瞼結膜から角膜に向かう。

　　の睫毛乱生は外側上眼瞼の 2/3 で角膜と接触しているが、眼瞼は内反していない。
・異所性睫毛：睫毛は短く、硬いため、眼瞼痙攣とさまざまな程度の潰瘍性角膜炎がみられる。潰瘍は、瞬目により睫毛が動くため、垂直な線状となる。
・診断：臨床症状、細隙灯顕微鏡あるいは拡大鏡を用いて十分に観察し、異常睫

毛を特定することで診断する。
- 治療：
  - 睫毛重生：睫毛鑷子による用手除去、外科的切除、電気分解療法、電気焼灼術、凍結手術、あるいは炭酸ガスレーザーを利用して重生睫毛を抜去する。
  - 睫毛乱生：乱生睫毛を除去するが、外科的にも整復して睫毛が角膜に接しないようにする。眼瞼内反症の合併症がある場合には、内反症を外科的に整復する（治療の詳細は「眼瞼内反症」の項を参照のこと）。
  - 異所性睫毛：外科的に毛根を含めて眼瞼結膜周囲組織とともに睫毛を切除する。
- 予後：一般的に良好である。

4. 眼瞼炎

眼瞼炎（blepharitis）は、散在性、限局性、もしくは急性、慢性に分類される。眼瞼炎の原因は、一般的な皮膚炎の原因と類似している。その原因として、細菌性、寄生虫性、ウイルス性（猫）、真菌性、原虫性、脂漏性、免疫介在性があげられる。診断は、臨床症状（品種、年齢、環境要因、病変部位、搔痒の有無）、病理組織診断、培養検査、血清診断の所見をもとに行う。

- 原因、臨床症状、治療：
  - 細菌性眼瞼炎：顔面の膿皮症による。特に、若年性深在性膿皮症は眼瞼炎を誘発することがある。4カ月齢以下の子犬は臨床症状が強い。臨床症状は、充血、浮腫、痂皮形成を特徴とする。慢性化すると、皮膚の潰瘍や脱毛が起こり、眼瞼の外反症や内反症を引き起こすことがある。培養検査でブドウ球菌が分離されることが多い。初期には眼瞼の腫脹と膿疱形成がみられ、数日以内に耳や鼻口部に膿皮症が広がる。
  - 麦粒腫（hordeolum）：外麦粒腫は、睫毛に付属するツァイス腺（Zeis gland）あるいはモル腺（Moll gland）の急性細菌感染症である。若齢犬での発症が多い。内麦粒腫は、マイボーム腺の急性細菌感染症である。一般的に膿瘍形成と疼痛性の眼瞼腫脹がみられる。抗菌剤の点眼あるいは全身投与を行うが、コルチコステロイドを併用する場合もある。
  - 霰粒腫（chalazion）：瞼板内に生

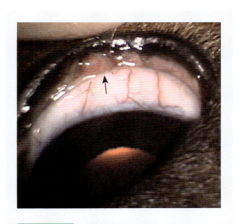

図 3-7　霰粒腫
軽度の結膜充血と眼瞼結膜に乳白色の結節（矢印）がみられる。

じるマイボーム腺の慢性肉芽腫性炎症である（図 3-7）。腺の周辺組織に炎症が及ぶこともある。多くの場合、無痛性である。肉芽腫の外科的切除および抗生物質の点眼で治療する。

細菌性眼瞼炎の治療は、培養結果に基づいた抗菌剤の全身投与あるいは点眼で行う。

- 寄生虫性眼瞼炎：毛包虫（犬および猫）、疥癬（犬）と小穿孔疥癬（犬）の感染により、乾性皮膚炎が眼瞼に起こることがある。一般的に毛包虫では掻痒がなく、疥癬と小穿孔疥癬では掻痒が強い。自傷による二次性の細菌感染を起こすと湿性の皮膚炎を起こす。治療は、アミトラズ、イベルメクチンの経口投与（牧羊犬に用いてはならない）、もしくはミルベマイシンの経口投与で行う。
- ウイルス性眼瞼炎：猫ヘルペスウイルス 1 型（FHV-1）は好酸球と好中球浸潤を伴う潰瘍性皮膚炎を引き起こすことが報告されている。
- 真菌性眼瞼炎：皮膚糸状菌は、眼周囲あるいは全身の一部分で限局性に増殖して乾性もしくは脱毛性の鱗状病変を呈する。治療は、抗真菌薬の点眼と全身投与で行う。
- 原虫性眼瞼炎：リーシュマニア（*Leishmania infantum*）の感染による。風土病である。
- 脂漏症：全身性脂漏症で眼瞼炎がみられることがある。抗脂漏症に有効なシャンプーを利用する（シャンプーが眼に入らないように注意する）。重症例ではステロイド剤の投与も有効である。

■免疫介在性皮膚疾患に関連した眼瞼炎

- 原因、臨床症状、治療：
  - アトピー性眼瞼炎：全身性アトピー性皮膚炎の一症状として眼瞼炎がみられる。結膜炎を併発することが多い。ステロイド剤の点眼あるいは全身投与で臨床症状は改善する。
  - 薬剤過敏症：点眼あるいは全身投与した薬剤に対する免疫介在性反応に起因する。原因薬剤の利用を中止する。
  - 好酸球性肉芽腫：猫でみられる。ノミアレルギー、アトピー、食物アレルギーの過敏症による。
  - 天疱瘡：尋常性、増殖性、落葉状、紅斑性天疱瘡は上皮細胞間隙のデスモグレインに対する自己抗体に起因する自己免疫疾患である。
  - 円盤状ならびに全身性エリテマトーデス：ケラチノサイトと結合する抗核抗体によって誘発される自己免疫疾患である。
  - フォークト - 小柳 - 原田様症候群（Vogt-Koyanagi-Harada syndrome）：本疾患

はさまざまな犬種で報告されているが、その多くが秋田犬である。眼瞼、鼻、陰嚢など色素沈着部に皮膚色素脱（白斑）と白毛症が認められ、進行すると糜爛性皮膚炎を引き起こす。皮膚病変に先行して、ぶどう膜炎を誘発することが多い。免疫介在性皮膚疾患に関連した眼瞼炎の臨床症状は疾患の程度によって異なるが、ステロイド剤、アザチオプリン、シクロスポリンを含めた免疫抑制剤で治療する。

- 新生子眼炎（neonatal ophthalmia/ophthalmia neonatorum）：新生子眼炎とは、出生後の開眼前にみられる結膜嚢の感染症である。開眼前に発症するため、滲出物が結膜嚢内に貯留して眼瞼部の腫脹と内眼角からの膿性眼脂が認められる。通常、犬ではブドウ球菌性の角結膜炎が、猫ではFHV-1感染に起因する結膜炎がみられる。これらは子宮内感染あるいは出産時の産道感染などに起因する。治療は、開眼前であれば、その開瞼部位を外科的に注意深く開裂させる。眼球の状態（特に角膜）を観察し、細菌培養検査のための材料を採材後に洗眼液で十分に洗浄し、広域性抗生物質の点眼と未発達な眼球表面に対する湿潤化処置でそれを保護する。培養試験の結果により、抗生物質を適宜変更する。

5. 兎眼

完全に眼瞼を閉じられない状態を兎眼（lagophthalmos）という。先天性と後天性がある。先天性兎眼は眼窩の浅い犬種（ペキニーズなど）にみられ、解剖学的特徴によって引き起こされる眼球突出である。後天性兎眼は、顔面神経麻痺、眼窩腫瘍、眼窩の炎症・出血・浮腫によってもたらされる眼球突出である。

臨床症状は、角膜潰瘍、色素沈着、瘢痕形成である。診断は、眼瞼反射や角膜反射試験を行い、完全あるいは不完全な状態の瞬目を確認する。治療として、角膜保護剤を点眼する。臨床症状を伴う先天性兎眼症は外眼角形成術や内眼角形成術の外科処置により、後天性兎眼症は原因疾患を確定して治療するが、それまでは一時的な部分的瞼板縫合術で眼球を保護して対応する。

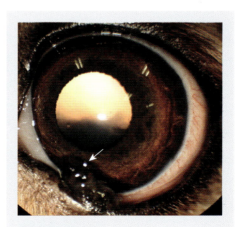

図 3-8
皮脂腺腫（マイボーム腺腫）
下眼瞼縁に黒灰色の結節性腫瘤（矢印）がみられ、一部が角膜と接触して軽度の結膜充血を引き起こしている。

6. 眼瞼の腫瘍

犬の眼瞼腫瘍はよくみられるが、その75％は良性である。皮脂腺腫（マ

イボーム腺腫）が最もよく遭遇する腫瘍（良性）である（図 3-8）。乳頭腫、黒色腫、皮脂腺癌、組織球腫、肥満細胞腫、基底細胞癌、扁平上皮癌の発生報告がある。猫の眼瞼腫瘍は、扁平上皮癌が最も一般的である。治療法として外科的切除と凍結手術があげられる。腫瘍の大きさ、場所、位置により、眼瞼の再建術が必要となる。

3-3 瞬膜の疾患

> **到達目標** 瞬膜疾患（瞬膜〈第三眼瞼〉腺脱出/チェリーアイ、瞬膜〈第三眼瞼〉突出）の原因、病態、臨床症状、診断法および治療法を説明できる。
> **キーワード** 瞬膜（第三眼瞼）腺脱出/チェリーアイ、瞬膜（第三眼瞼）突出

瞬膜は眼球結膜と眼瞼結膜をもつことから、結膜疾患と密接に関連する。この項では瞬膜に特有の疾患について述べる。

1. 瞬膜（第三眼瞼）突出

瞬膜（第三眼瞼）の突出には多くの原因があるが、基本的には眼窩組織および眼球容積量の変化と眼疼痛に起因する。その原因疾患を的確に診断・解決する必要がある。

犬の瞬膜（第三眼瞼）突出 (protrusion of the nictitating membrane) の原因として、眼球陥凹と眼球癆、瞬膜（第三眼瞼）腺脱出、瞬膜（第三眼瞼）の軟骨外転、ホルネル症候群、破傷風、狂犬病、ジステンパー感染、髄膜炎、精神安定剤の投与、瞬膜（第三眼瞼）腫瘍などがあげられる。猫の瞬膜（第三眼瞼）突出の原因として、ハウズ症候群（自律神経障害で両側性の瞬膜突出を引き起こす交感神経の緊張減少と腸蠕動の亢進、便通過時間の延長、下痢を惹起する副交感神経の緊張亢進状態のこと）、眼球陥凹、眼球癆、瞬膜（第三眼瞼）腺脱出、瞬膜（第三眼瞼）の軟骨外転、ホルネル症候群、精神安定剤の投与、瞬膜（第三眼瞼）腫瘍があげられる。

2. 瞬膜（第三眼瞼）腺脱出

4週齢〜2歳の犬では瞬膜（第三眼瞼）腺脱出 (prolapse of the gland of the third eyelid) がよくみられる（図3-9）。猫ではまれである。俗に「チェ

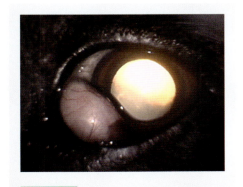

図 3-9
瞬膜腺脱出（チェリーアイ）

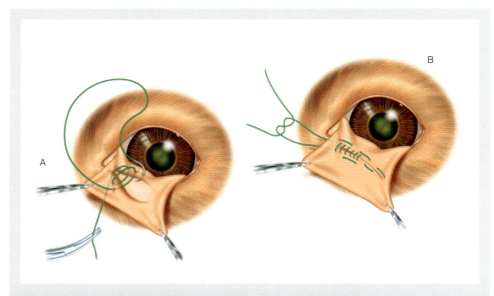

図 3-10　瞬膜腺脱出の整復法（ポケット法）
A　瞬膜腺脱出部の周囲に半楕円形の切開創を 2 つ作成する（切開創の両端を反対側の切開創とつなげない）。4-0～6-0 の吸収糸を用いて、単純連続縫合する。縫合糸の結び目は角膜を刺激しないように眼瞼結膜側につくる。
B　Connell-Cushing 連続縫合を追加する。この時も縫合の結び目は瞬膜の眼瞼結膜側に作成する。

リーアイ（cherry eye）」と呼ばれている。好発犬種として、アメリカン・コッカー・スパニエル、イングリッシュ・ブルドッグ、ラサ・アプソ、ボストン・テリア、シー・ズー、ビーグル、ペキニーズなどがあげられる。原因については、よくわかっていない。高齢犬の瞬膜（第三眼瞼）腺脱出では、眼窩疾患の有無を必ず確認する。

- 臨床症状：瞬膜（第三眼瞼）腺脱出では内眼角側に赤色結節が突然みられるようになる。発症後数日は脱出と消失を繰り返すことがある。最終的には、脱出した状態のままとなる。多くの症例で乾性角結膜炎（KCS）の発症リスクが上昇する。
- 診断：瞬膜の自由縁を超えた赤色結節の観察によって行う。
- 治療：乾性角結膜炎の発症を予防するため、脱出した瞬膜（第三眼瞼）腺を外科的に整復する。その方法として、さまざまな手技や変法があるが、大別するとポケット法（図 3-10）とアンカリング法（図 3-11）がある。

3.　瞬膜の外転

瞬膜の外転（bent cartilage）は、犬では成長中の大型犬種に多く、猫ではあらゆる年齢でみられる。ジャーマン・シェパード・ドッグの本症は劣性形質遺伝と

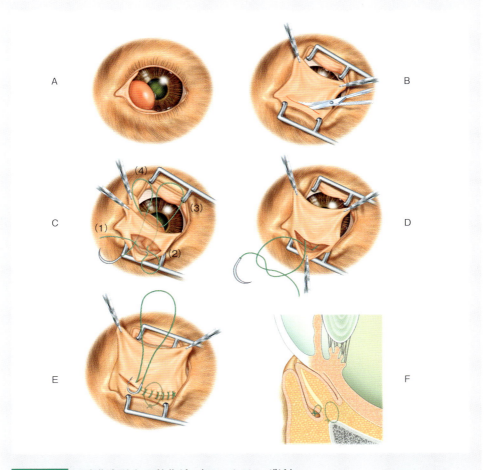

図 3-11 瞬膜腺脱出の整復法（アンカリング法）
A 脱出した瞬膜腺。
B 眼窩縁にアクセスするため、腹側結膜円蓋に小切開創を作成する。
C 眼窩縁骨膜に 2-0 ナイロン糸をかけ (1)、(2)、(3)、(4) の順に糸を通す。
D 糸をゆっくりと牽引し、突出した瞬膜腺を整復後、糸の両端を結紮する。
E 結膜切開創を 6-0 吸収糸で単純連続縫合もしくは単純結節縫合する。
F 縫合糸と整復後の瞬膜腺の位置を示す。

考えられているが、他の品種では明らかになっていない。瞬膜の外転は、犬では2つの結膜の成長速度の違い、あるいは瞬膜軟骨の変形に起因していると考えられている。外転した瞬膜軟骨は、片側性あるいは両側性に瞬膜自由縁を外転させる。漿液性眼漏と瞬膜の強い充血がみられることが多い。慢性化した場合、表面の色素沈着を惹起する。瞬膜自由縁の反転を確認することで診断する。瞬膜の外転により、瞬膜（第三眼瞼）腺脱出を引き起こすことがある。治療には、外科的整復が必要となる（図 3-12）。

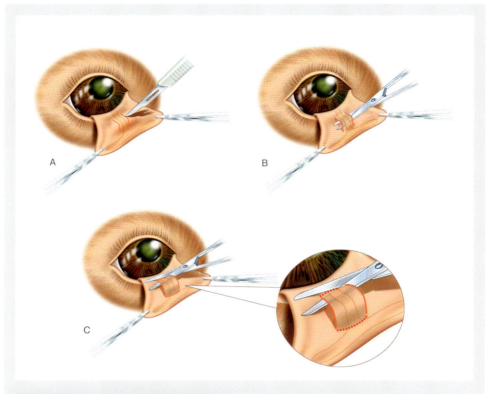

> **図 3-12** 外転した瞬膜軟骨の整復法
> A 瞬膜の眼球結膜側から反転した軟骨の両端を切開する。
> B 反転した軟骨と結膜を剥離する。
> C 眼球結膜と反転軟骨を切除する（拡大図点線部）。縫合は必要ない。

4. 瞬膜（第三眼瞼）の腫瘍

　犬と猫の瞬膜（第三眼瞼）腫瘍はまれであるが、牛と馬のそれはよく遭遇する。犬では、黒色腫、腺腫、腺癌、扁平上皮癌、肥満細胞腫、乳頭腫、血管腫、血管肉腫が報告されている。猫では、扁平上皮癌、線維肉腫、腺癌、基底細胞腫が報告されている。

3-4 結膜の疾患

> **到達目標** 結膜炎の原因、病態、臨床症状、診断法および治療法を説明できる。
> **キーワード** 結膜炎

1. 結膜炎

結膜炎（conjunctivitis）では「赤目」との類症鑑別が必要不可欠となる。ぶどう膜炎や緑内障のような眼内疾患においても「赤目」がみられるため、「赤目」の原因となる疾患が他にないことを確認した上でなければ結膜炎と診断してはならない。

- 臨床症状：結膜疾患は、結膜充血、結膜浮腫、眼漏を主徴とする。結膜充血では、ぶどう膜炎、緑内障、深部角膜炎のような強膜充血（毛様充血）と結膜炎および表在性角膜炎のような結膜充血を区別することが重要となる。結膜浮腫は、急性のアレルギー性結膜炎、毒性障害、外傷などにより起こる。その他には、結膜出血あるいは結膜下出血、結膜下気腫、濾胞形成、掻痒などがみられる。
- 分類：結膜炎は、期間（急性、亜急性、慢性、および再発性）、眼脂の特性（漿液性、粘液性、粘液膿性、膿性）、症状（濾胞性、膜性、偽膜性、木質性）、原因（細菌性、ウイルス性、真菌性、寄生虫性、免疫介在性、毒性、涙液層異常、刺激性〈外因性：異物、塵、埃〉、眼瞼内因性〈眼瞼内反症、眼瞼外反症、睫毛重生、睫毛乱生、兎眼〉）などにより分類される。
- 診断：臨床症状、細隙灯顕微鏡検査（結膜表面やマイボーム腺を十分に観察する）、細菌培養、シルマー涙液検査、結膜細胞診、ウイルス検査（分離やPCR）、鼻涙管の疎通状態などに基づいて行う。

■細菌性結膜炎

細菌性結膜炎（bacterial conjunctivitis）は、急性細菌性結膜炎と慢性細菌性結膜炎に分けられる。

- 急性細菌性結膜炎：細菌感染により急性眼瞼炎を起こすこともある。臨床症状として重度の膿性眼脂や結膜充血、結膜浮腫がみられる。診断は、臨床症状と結膜細胞診に基づいて行う。適切な抗生物質を選択するため、細菌培養と薬剤

感受性試験が必要となる。なお、結膜細胞診の結果から迅速な薬剤選択が可能になることもある。眼窩膿瘍などの球後感染症の初期症状は急性膿性結膜炎と類似するため、類症鑑別として頭部全体を十分に観察する必要がある。治療は広域性抗菌剤の点眼で行う。3～5日の投薬で症状が改善することが多いが、再発性結膜炎では細菌培養と薬剤感受性試験をもとに薬剤を選択する。

- 慢性細菌性結膜炎：セント・バーナードやスパニエル種では慢性細菌性結膜炎がよくみられる。粘性～粘液膿性の眼脂と結膜の充血、肥厚、濾胞の過形成がみられる。また、慢性結膜炎は涙液の産生を減少させる。診断時にはシルマー涙液試験を必ず行う。類症鑑別として、乾性角結膜炎、涙囊炎、睫毛疾患に随伴した結膜炎があげられる。細菌培養と薬剤感受性試験の結果に基づいた抗菌剤の投与、あるいはコルチコステロイドで治療する。

■ウイルス性結膜炎

ウイルス性結膜炎（viral conjunctivitis）は両眼性であることが多く、全身感染症の一症状として重要である。

- ジステンパー：犬ジステンパーは、若齢犬において、感染初期に扁桃炎、咽頭炎、発熱、食欲不振、リンパ球減少症、および重度の結膜充血や漿液性眼漏を伴う両側性の結膜炎を引き起こす。感染初期であれば、結膜搔爬検査によりその上皮に細胞質内封入体が観察されることもある。間接蛍光抗体法（IFA）によりウイルス抗原を、あるいはPCRによりウイルスDNAを検出することも可能である。進行すると、慢性結膜炎、涙液産生低下による乾性角結膜炎、続発性の細菌感染が起こる。有効な治療薬はない。

- アデノウイルス：犬アデノウイルス1型（CAV-1）と同2型（CAV-2）は、結膜炎を引き起こす。CAV-1は犬伝染性肝炎の、CAV-2は気管気管支炎あるいは「ケンネルコフ」の原因ウイルスである。それぞれのウイルスは重度の結膜充血、漿液性あるいは漿粘液性の眼漏を特徴とした両側性の結膜炎を引き起こす。全身症状の違いがジステンパーとの鑑別となる。有効な治療薬はない。

- ヘルペスウイルス：猫ウイルス性呼吸器症候群を起こすすべてのウイルス（ヘルペスウイルス、カリシウイルス、レオウイルス）感染により、猫の結膜炎が引き起こされる。これらのなかでヘルペスウイルス感染がより重度の結膜炎を起こすと考えられているが、抗原変異株、個体免疫、他のウイルスとの複合感染により、また細菌との複合感染により臨床症状は大きく変化する。
    - 猫ヘルペスウイルス1型（FHV-1）：FHV-1は気道上皮と結膜上皮の細胞に親和性をもつ。また、ウイルスは角膜上皮内でも複製・増殖し、「樹枝状潰瘍」と呼ばれる角膜潰瘍を引き起こす。初感染後に、感染猫の約80％で三叉神経節に潜伏感染する。FHV-1感染性結膜炎は、特に若齢の猫で重症化し、上部

気道炎症状を随伴することが多い。本結膜炎では、大量の漿粘液性から粘液膿性眼漏がみられる。主な類症鑑別は、*Chlamydophila felis*（*C. felis*）感染性結膜炎であるが、*C. felis* 感染は角膜疾患を引き起こすことはない。臨床症状、ウイルス分離、IFA、細胞診、PCR により診断するが、正確に診断できるか否かの議論はいまだになされている。多くの抗ヘルペスウイルス薬で治療できるが、その効果には違いがあるようである。L-リジンには予防的効果があるとされている。

■ クラミジア性結膜炎

C. felis は、猫における人獣共通感染症である。*C. felis* 感染によるクラミジア性結膜炎（chlamydial conjunctivitis）では、急性期に結膜充血、重度の結膜浮腫（図 3-13）、漿液性眼脂、眼瞼痙攣、軽度の鼻汁およびくしゃみがみられる。結膜炎は、多くの場合、最初片側性で、その後の数日で僚眼（反対側の眼）にも認められるようになる。治療をしなければ、慢性結膜炎へと移行する。診断は、結膜細胞診による。結膜上皮に細胞質内封入体（図 3-14）、多数の好中球と少数のリンパ球が観察される。クラミジアは、テトラサイクリン、エリスロマイシン、フルオロキノロン類とアジスロマイシンの抗生物質に感受性がある。結膜炎の解消後も、1～2週間、1日4回、テトラサイクリンなどの点眼を必要とする。

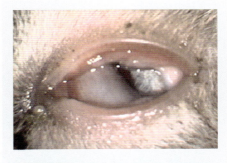

図 3-13 猫のクラミジア性結膜炎
重度の結膜浮腫と眼漏がみられる。

■ マイコプラズマ結膜炎

マイコプラズマは、最小の微生物で、原核生物に分類されている。*Mycoplasma felis*、*M. gatae* と *M. arginini* が病気と健康な猫から分離されている。マイコプラズマ結膜炎（mycoplasma conjunctivitis）は日和見疾患と考えられている。すなわち、FHV-1 あるいは *C. felis* 感染が、マイコプラズマ属の増殖環境をつくりだす。マイコプラズマの診断は、特別な

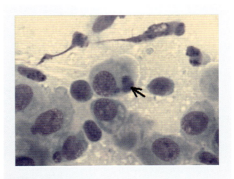

図 3-14
猫のクラミジア性結膜炎の細胞質内封入体（× 400）
図 3-13 の結膜ブラシ・サイトロジー。結膜上皮細胞に細胞質内封入体がみられる（矢印）。

培地を利用した培養検査で確定する。*M. felis* の PCR 検査も開発されており、非常に高い特異性と感度がある。マイコプラズマは、通常、ニューキノロン系の抗菌剤に感受性がある。

■新生子結膜炎

新生子結膜炎（neonatal conjunctivitis）は新生子猫にみられる急性の結膜炎症候群である。大量の眼脂は、多くの場合、粘液膿性で、持続性に認められる。結膜炎が10〜14日齢の開眼前に起こると、眼瞼は特徴的に膨張する。これらの問題は、通常、広域性抗菌剤の点眼療法後、直ちに解決する。眼瞼縁が癒着した場合、眼瞼裂の内眼角内に小剪刀の刃を挿入し、刃を外側方にスライドさせて眼瞼を開く必要がある。子猫が10〜14日齢未満であれば、涙液産生と眼瞼反射は開眼時不十分である可能性もある。このような時には抗菌剤を点眼したり、人工涙液点眼と眼瞼の一時あるいは不完全閉鎖処置を行うこともある。重度の瞼球癒着と角膜瘢痕化が新生子結膜炎に続発する。

■好酸球性結膜炎

好酸球性結膜炎（eosinophilic conjunctivitis）は、角膜炎の有無にかかわらず猫で起こる。好酸球性結膜炎の根底にある原因はいまだ解明されていない。結膜細胞診で好酸球、リンパ球、形質細胞、肥満細胞、マクロファージの浸潤がみられる。好酸球性角膜炎と同じように、好酸球性結膜炎はコルチコステロイドの点眼に反応する。経口の酢酸メゲストロールの投与（最初に 0.5 mg/kg の用量）は、好酸球性結膜炎あるいは角膜炎に対して有効であるが、重度の副作用が起こる可能性がある。副作用として、真性糖尿病、副腎皮質抑制、行動の変化、乳腺過形成、腫瘍形成などがあげられる。

■寄生虫性結膜炎

犬と猫における寄生虫性結膜炎（parasitic conjunctivitis）としてテラジア症があげられるが、それは線虫（*Thelazia californiensis*）感染による。臨床症状は軽度の結膜充血と眼脂であり、寄生虫は鉗子で結膜円蓋から容易に除去できる。また、ウサギヒフバエ（*Cuterebra* sp.）の幼虫が結膜組織内に入り込み、重度の結膜炎を引き起こすこともある。

■真菌性結膜炎

犬と猫の真菌性結膜炎（mycotic/fungal conjunctivitis）はまれである。多くの真菌性結膜炎罹患動物は、抗菌剤やステロイド点眼薬の治療歴を有する。それらの投与により一時的に症状が改善することもあるが、再発する。馬は、角膜上皮

損傷後の真菌感染に特別な感受性があるが、原発性の真菌感染症はまれである。診断は、初期の結膜細胞診と培養検査によって行う。治療はさまざまな抗真菌薬を利用するが、日本で入手できる市販の眼科用抗真菌薬は少ない。しかし、全身性のイトラコナゾール処置でその症状が改善する。

図 3-15　濾胞性結膜炎
眼球結膜に複数の濾胞性結節がみられる。

■アレルギー性結膜炎

　アレルギー性結膜炎（allergic conjunctivitis）は、アトピー性皮膚炎と関連する。アレルギーは、I型過敏症に分類される。アレルゲンの多くは、花粉、埃、細菌毒素である。臨床症状として、漿液性の眼漏、結膜充血、結膜浮腫、掻痒があげられる。重度の眼漏がみられることもある。診断は、全身的な臨床症状、病歴、ステロイドに対する反応性によって行う。治療は、可能であれば、原因となる抗原を除去することである。アトピー性皮膚炎の治療に準じた対応が必要となる。

■濾胞性結膜炎

　濾胞性結膜炎（follicular conjunctivitis）は、慢性の抗原刺激に続発して発症する（図 3-15）。濾胞形成と感染性因子との関連性は証明されていない。

3-5 涙器系の疾患

到達目標	涙器系疾患（乾性角結膜炎、鼻涙管狭窄）の原因、病態、臨床症状、診断法および治療法を説明できる。
キーワード	乾性角結膜炎、鼻涙管狭窄

　鼻涙器系は、分泌系と排出系に分けることができる。犬と猫の分泌系は、眼窩涙腺、瞬膜腺、眼瞼の各分泌腺からなる。さらに、牛、豚、兎、げっ歯類、鳥類、ヘビでは瞬膜腺の深部にハーダー腺が存在する。排出系は、上・下涙点、涙小管、涙嚢、鼻涙管からなり、最終的に鼻涙点から涙が排出される。涙液層は、表層から脂質層、水層、粘液層（ムチン層）の3層で構成されており、角膜および結膜を覆っている（図1-4）。そのため、眼表面に異常が存在する場合には鼻涙器系を評価することが必須かつ重要となる。鼻涙器系の解剖と生理については、第1章も参照すること。

　鼻涙器系の異常は、涙液産生減少、涙液産生増加、排出系の閉塞疾患に大きく分けられる。

1. 乾性角結膜炎

　乾性角結膜炎（keratoconjunctivitis sicca、KCS）は一般的に「ドライ・アイ」と呼ばれ、涙液層の欠如による進行性の炎症性疾患と定義される。乾性角結膜炎の多くは水層が欠如するが、脂質層や粘液層（ムチン層）の異常（欠如）も確認されている。犬での発症が多く、猫ではまれである。原因として、以下のようなものがあげられる。

- 免疫介在性：犬の乾性角結膜炎の多くが免疫介在性である。
- 先天性：涙腺あるいは瞬膜腺の無形成症あるいは発育不全による。
- 神経性：涙腺の副交感神経支配の消失（顔面神経麻痺）、三叉神経に関連した神経疾患と自律神経障害による。
- 薬剤誘発性：アトロピンの点眼や全身性麻酔薬の投与時にみられ、通常は一過性である。その他にトリメトプリムやスルファメトキサゾールのようなサルファ剤、アミノサリチル酸あるいはフェナゾピリジンなどの投与時にもみられる。

- 感染性：犬ジステンパー感染やリーシュマニア感染による。また、猫ヘルペスウイルスの関与も疑われている。
- 外傷性：直接的な涙腺の損傷、あるいはそれらの支配神経障害による。
- 医原性：瞬膜腺脱出時に腺を切除した場合にみられる。
- 内分泌性疾患：甲状腺機能低下症、糖尿病、クッシング症候群と乾性角結膜炎との関連が示唆されている。
- 放射線治療：眼周囲の放射線治療による。
- 犬種素因性：好発犬種として、アメリカン・コッカー・スパニエル、ブロッド・ハウンド、ボストン・テリア、キャバリア・キング・チャールズ・スパニエル、イングリッシュ・ブルドッグ、イングリッシュ・スプリンガー・スパニエル、ラサ・アプソ、ミニチュア・シュナウザー、ペキニーズ、プードル、パグ、サモエド、シー・ズー、ウエスト・ハイランド・ホワイト・テリア、ヨークシャー・テリアなどがあげられる。

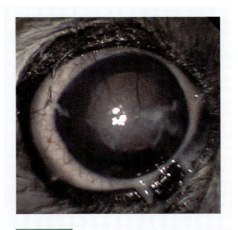

図 3-16
乾性角結膜炎でみられた眼漏
結膜充血や表在性の血管新生もみられる。

- 臨床症状：角膜反射の鈍麻、角膜光沢の欠如、軽度の瞬膜突出、粘液性あるいは粘液膿性眼漏を主徴とする（図 3-16）。疼痛とそれに伴う眼瞼痙攣が急性期にみられるが、慢性期には疼痛を示さないことがある。角膜病変部の中央に潰瘍を形成することがある（図 3-17）。慢性病変では、表在性の血管新生、線維化、色素沈着がみられ、角膜は肥厚する（図 3-18）。

猫は、犬に比べて臨床症状が顕著でない。猫の慢性角膜潰瘍は、角膜分離症を誘発する可能性がある。

- 診断：乾性角結膜炎は、細菌性結膜炎や再発性の特発性角膜潰瘍と誤診することがあるため、その診断には注意が必要である。

診断のため、シルマー涙液試験を行

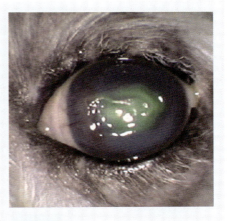

図 3-17
乾性角結膜炎でみられた角膜潰瘍（フルオレセイン染色後）
角膜中央に角膜潰瘍がみられる。

う。犬の場合、5 mm/分以下で乾性角結膜炎と診断し、6〜10 mm/分で乾性角結膜炎を疑う。猫の場合、正常であってもシルマー涙液試験が5 mm/分程度のことがあるため、乾性角結膜炎の診断は臨床症状を含めて総合的に判断しなければならない。

また、乾性角結膜炎の診断には、全身性疾患（甲状腺機能低下症など）との関連性、眼瞼機能や瞬目反射、フルオレセイン染色試験、細菌培養、結膜細胞診などの検査が必要になることもある。

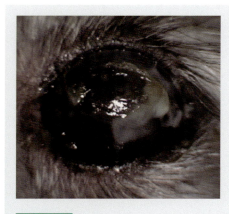

図 3-18
慢性乾性角結膜炎
角膜色素沈着、眼漏、角膜混濁がみられる。

- 治療：乾性角結膜炎が一過性なのか持続性なのか、また治療効果を評価するため、2〜3カ月間の治療計画を立てる。内科治療では、一般的に 1) 涙液刺激薬、2) 涙液代用薬、3) 抗菌剤、4) 粘液溶解薬、5) 抗炎症薬のいくつかを組み合わせて用いることが多い。

涙液刺激薬として、コリン作動性薬と免疫調整剤があげられる。前者はピロカルピンで、点眼あるいは経口投薬する。後者にはシクロスポリン、タクロリムス、ピメクロリムスなどがある。涙液代用薬として、メチルセルロース、ヒアルロン酸ナトリウム、コンドロイチン硫酸の点眼薬があげられる。抗菌剤の点眼液は、二次性の細菌感染を制御するために利用する。慢性乾性角結膜炎では細菌培養だけでなく真菌培養と薬剤感受性試験も行い、薬剤を決定する必要がある。粘液溶解剤は乾性角結膜炎でみられる大量の滲出物を除去するために用いる。これにはアセチルシステイン点眼薬が利用される。抗炎症薬は、乾性角結膜炎の臨床症状を改善するため補助的に用いる。一般的にはステロイド系の点眼薬が利用される。ただし、角膜潰瘍がある場合にはそれを用いてはならない。また、シクロスポリンなども抗炎症作用を有する。内科治療が奏効しない慢性乾性角結膜炎では、耳下腺管転移術（唾液を涙液の代わりに利用する方法）を考慮することもある。また、涙点プラグで涙液排出部位の涙点を閉塞し、眼表面の乾燥を防ぐこともある。

2. 鼻涙管狭窄

鼻涙管の疾患は先天性と後天性に分けられる。多くの場合で、鼻涙管の開存性の欠如あるいは炎症による鼻涙管狭窄（strictura ductus nasolacrimalis）が存在する。先天性異常として、涙点閉鎖、小涙点、涙小管や鼻涙管閉塞（nasolacrimal duct obstruction）、涙点や涙小管の位置異常、眼瞼内反症、涙腺嚢胞などがあげ

られる。後天性疾患として、外傷性断裂、異物による涙嚢炎、閉塞、腫瘍などがあげられる。
- 臨床症状：最も一般的な症状は流涙である。また、涙点を中心とした膿性眼漏や眼瞼浮腫もみられる。
- 診断：診断は、シルマー涙液試験、フルオレセイン通過試験、鼻涙管洗浄液の細菌培養試験などの結果に基づいて行う。また、造影X線検査、CT検査、MRI検査も鼻涙管ならびに鼻骨を評価する上で有用な検査である。
- 治療：原因と思われる要因を改善または除去する。先天性鼻涙管閉塞は疾患部位を特定して外科的開存処置を行う。また、外傷性断裂では整復術を、異物性の涙嚢炎では異物を除去して適切な術後管理を行う。

自習項目

1. 眼球突出、眼球脱出、眼瞼内反症、眼瞼外反症、異常睫毛、眼瞼炎、瞬膜（第三眼瞼）腺脱出、結膜炎、鼻涙管狭窄、および乾性角結膜炎の詳細を学習する。
2. 本章で取り上げたもの以外の眼窩、眼瞼、瞬膜、結膜、涙器系の疾患、およびそれぞれの組織構造に関連した疾患（眼窩の先天性疾患や外傷性病変、結膜や瞬膜の腫瘍、鼻涙管の先天性疾患および外科的整復術など）、眼瞼の組織解剖学および生理学を学習する。

【参考図書】
1. Gelatt, K. N. and Gelatt, J. P.（2006）：小動物の眼科外科（Small Animal Ophthalmic Surgery, Butterworth-Heinemann），工藤荘六監訳，インターズー，東京．
2. Gelatt, K. N.（2007）：Veterinary Ophthalmology 4th ed., Blackwell Publishing, Iowa.
3. Gelatt, K. N. and Gelatt J. P.（2011）：Veterinary Ophthalmic Surgery, Saunders Elsevier, St. Louis.
4. 印牧信行，長谷川貴史（2012）：眼科疾患．獣医内科学小動物編 改訂版，文永堂出版，東京．
5. Maggs, D. J., Miller, P. E. and Ofri, R.（2008）：Slatter's Fundamentals of Veterinary Ophthalmology, 4th ed., Saunders Elsevier, St. Louis.
6. Martin, C. L.（2010）：Ophthalmic Diseases in Veterinary Medicine, Manson Publishing, London.
7. 大鹿哲郎（2005）：眼科診療プラクティス6，眼科臨床に必要な解剖学，文光堂，東京．
8. Severin, G. A.（2003）：セベリンの獣医眼科学 基礎から臨床まで 第3版（Severin's Veterinary Ophthalmology Notes, 3rd ed., Veterinary Ophthalmology Notes），小谷忠生・工藤荘六監訳，インターズー，東京．
9. Slatter, D.（2001）：Fundamentals of Veterinary Ophthalmology 3rd ed., Saunders, Philadelphia.
10. Slatter, D.（2003）：Section 10. Textbook of Small Animal Surgery 3rd ed., WB Saunders, Philadelphia.
11. Stades, F. C., Wyman, M., Boevé, M. H. and Neumann, W.（2000）：獣医眼科診断学（Ophthalmology for the Veterinary Practitioner, Schlütersche），安部勝裕監訳，チクサン出版，東京．
12. Wilkie, D. A.（2009）：眼科学．サウンダース小動物臨床マニュアル 第3版（Saunders Manual of Small Animal Practice, Saunders Elsevier）、長谷川篤彦監訳，文永堂出版，東京．

第3章　演習問題

問1　眼窩疾患に関する記述として適当なものを選べ。
(1) 眼窩の疾患は、一般の眼科検査のみで診断可能である。
(2) 眼窩膿瘍は、片側性の急性眼球突出を呈し、通常無痛性である。
(3) 眼窩膿瘍の原因としては、歯牙疾患、副鼻腔あるいは頬骨腺からの感染波及、軟口蓋や咽頭からの穿通があげられる。
(4) 外傷性の眼球突出（脱出）の重症度は、外眼筋の損傷程度と相関があり、多くの場合、外直筋の断裂が最初に起こる。
(5) 眼窩の腫瘍は、多くの場合、良性で予後はよい。

問2　眼瞼疾患に関する記述として適当なものを選べ。
(1) 眼瞼内反症は、角膜面に被毛あるいは睫毛が接触することで続発性のぶどう膜炎を引き起こす。
(2) 眼瞼内反症の外科的整復法として、Hotz-Celsu 矯正術や V-Y 縫合術があげられる。
(3) 犬の眼瞼外反症は、その多くが瘢痕性外反症によるものである。
(4) 睫毛重生とは、正常な位置から生える睫毛や被毛の向きの異常によりそれらが角膜と接触することをいう。
(5) 異所性睫毛は、異常な睫毛が眼瞼結膜より出現するため、角膜との接触が強く、角膜潰瘍を引き起こしやすい。

問3　瞬膜（第三眼瞼）疾患に関する記述として適当なものを選べ。
(1) 瞬膜（第三眼瞼）腺脱出は多くの場合、高齢犬でみられる。
(2) 瞬膜（第三眼瞼）腺脱出の治療法は、脱出した瞬膜（第三眼瞼）腺を外科的に切除することである。
(3) 瞬膜（第三眼瞼）の突出と乾性角結膜炎の発症に相関関係はない。
(4) 犬の瞬膜（第三眼瞼）突出の原因は、ホルネル症候群、眼球陥凹、瞬膜（第三眼瞼）腺脱出、瞬膜（第三眼瞼）軟骨の反転、全身感染症と瞬膜（第三眼瞼）腫瘍である。
(5) 瞬膜（第三眼瞼）腫瘍は、犬と猫で多い腫瘍である。

問4　結膜炎に関する記述として適当なものを選べ。
(1) 結膜充血は、眼内炎症性疾患に特異的な症状である。
(2) 猫のクラミジア感染性結膜炎では、結膜上皮細胞に核内封入体が観察できる。
(3) 濾胞性結膜炎は、急性疾患である。
(4) 慢性結膜炎の診断には、必ずシルマー涙液試験を行う。
(5) 馬の原発性真菌性結膜炎はよく遭遇する疾患である。

問 5 乾性角結膜炎に関する記述として適当なものを選べ。

(1) 犬の乾性角結膜炎（KCS）の原因はその多くが感染性である。
(2) KCS は、主に涙液膜の水層の欠如によるが、ムチン層の異常も関係する。
(3) 薬剤誘発性 KCS は、原因薬剤を早期に休薬しても涙液量の回復は見込めない。
(4) 医原性 KCS は、脱出瞬膜（第三眼瞼）腺の切除とは無関係である。
(5) 犬の KCS の発症には犬種素因性はない。

解答および解説

問1　正解　(3)

解説：(1) 眼窩疾患では、特に、画像診断検査は必須である。(2) 眼窩膿瘍では、眼周囲の触診と開口時に重度の疼痛が認められる。鑑別すべき疾患として、咀嚼筋炎があげられるが、この疾患は両側性である。(3) この記述は正しい。(4) 外傷性の眼球突出（脱出）では、内直筋の断裂が最初に起こり、2直筋以上の断裂では予後が悪い。(5) 多くの場合、悪性で予後は悪い。

問2　正解　(5)

解説：(1) 眼瞼内反症では、角結膜炎が引き起こされる。(2) V-Y縫合術は、眼瞼外反症の整復に用いられる術式である。(3) 犬の眼瞼外反症は多くが先天性であり、遺伝的要因が関係すると推測されている。好発犬種は、ブロッド・ハウンド、セント・バーナード、グレート・デーン、ニューファンドランド、マスティフ、複数のスパニエルとフレンチ系の狩猟犬である。(4) 異常な睫毛がマイボーム腺の開口部から出現するものを睫毛重生と呼ぶ。(5) この記述は正しい。

問3　正解　(4)

解説：(1) 瞬膜（第三眼瞼）腺脱出は、若齢犬で多い（4週齢～2歳）。高齢犬の瞬膜（第三眼瞼）腺脱出は眼窩疾患を考慮する。(2) 瞬膜（第三眼瞼）腺は涙液産生に関与するため、瞬膜（第三眼瞼）腺を切除してはならない。アンカリング法やポケット法により整復する。(3) 瞬膜（第三眼瞼）の突出と乾性角結膜炎には相関関係がある。(4) この記述は正しい。(5) 犬と猫の瞬膜（第三眼瞼）腫瘍は、まれである。

問4　正解　(4)

解説：(1) 結膜充血は通常、角膜炎や結膜炎でみられる。(2) 猫のクラミジア感染性結膜炎では、結膜上皮細胞に細胞質内封入体が観察できる。(3) 濾胞性結膜炎は慢性の抗原刺激により生じるが、濾胞形成と感染因子との関連性は証明されていない。(4) この記述は正しい。(5) 馬の原発性真菌性結膜炎はまれな疾患である。

問5　正解　(2)

解説：(1) 犬のKCSは免疫介在性であることが多い。(2) この記述は正しい。(3) KCSを誘発している薬剤を早期に休薬すると、通常、薬剤誘発性KCSは一過性の症状で治まる。(4) 脱出した瞬膜（第三眼瞼）腺を切除するとKCSがもたらされるため、瞬膜（第三眼瞼）腺を切除してはならない。(5) 犬のKCSには犬種素因性があり、好発犬種としてアメリカン・コッカー・スパニエル、ブロッド・ハウンド、ボストン・テリア、キャバリア・キング・チャールズ・スパニエル、イングリッシュ・ブルドッグ、イングリッシュ・スプリンガー・スパニエル、ラサアプソ、ミニチュア・シュナウザー、ペキニーズ、プードル、パグ、サモエド、シー・ズー、ウエスト・ハイランド・ホワイト・テリアとヨークシャー・テリアがあげられる。

第4章 角強膜および眼球内の疾患

> **一般目標**
> 角強膜および眼球内の各種疾患の原因、病態、臨床症状、診断法および治療法について理解する。

4-1 角膜と強膜の疾患

到達目標	角膜強膜疾患（角膜炎、角膜潰瘍、上強膜炎）の原因、病態、臨床症状、診断法および治療法を説明できる。
キーワード	角膜炎（非潰瘍性）、角膜潰瘍（潰瘍性角膜炎）、角膜分離症（猫）、角膜ジストロフィー、上強膜炎・強膜炎、角強膜腫瘍

1. 角膜炎

　角膜における炎症を**角膜炎**（keratitis）と称し、フルオレセイン染色液で染色されない角膜の炎症を**非潰瘍性角膜炎**（nonulcerative keratitis）、角膜の上皮や実質が欠損してフルオレセイン染色液で染色される角膜炎を**潰瘍性角膜炎**（ulcerative keratitis）という。

■ 色素性角膜炎

　色素性角膜炎（pigmentary keratitis）は犬によくみられ、異常睫毛、眼球突出、眼瞼内反症、過剰な鼻の皺襞、乾性角結膜炎などの慢性角結膜炎、慢性表層性角膜炎（パンヌス）、角膜損傷など角膜への慢性刺激が原因となって引き起こされる。パグ、ペキニーズ、ラサ・アプソ、シー・ズーなどが好発犬種である。刺激を慢性的に受けている角膜に褐色～黒色の色素沈着病変を認め、角膜の**血管新生**や**瘢痕形成**を伴うことがある（図 4-1a）。診断は臨床症状と眼科検査をもとに行うが、シルマー涙液検査やフルオレセイン染色検査は必ず実施する。角膜を刺激している原因を除去することで治療する。原因除

著：長谷川貴史（4-1）、
余戸拓也（4-2 〜 4-6）

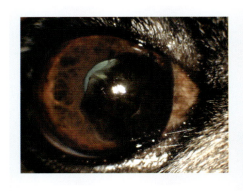

図 4-1a
色素性角膜炎。角膜表面に黒色の色素沈着を認める。

図 4-1b
角膜表層切除術の模式図。オプサルミックナイフで角膜を切開し、クレセントナイフで角膜層板面に沿って角膜を切除する。

図 4-1 非潰瘍性角膜炎の典型例とその処置法模式図

去後、潰瘍病変がなければコルチコステロイド（corticosteroid）やシクロスポリン（cyclosporine）などによる免疫抑制療法を適用する。角膜表層切除術（superficial keratectomy、図 4-1b）を行うこともあるが、突出した眼の犬に角膜表層切除術は適用しない。β線（ストロンチウム90）照射療法もある。原因が除去されれば予後良好であるが、除去できない場合は免疫抑制剤（immunosuppressive agent）、抗菌剤（antibacterial agent）、角膜保護剤（corneal protectant）などの点眼治療が必要となる。

■慢性表層性角膜炎（パンヌス）

慢性表層性角膜炎（chronic superficial keratitis、パンヌス；pannus）は犬の慢性進行性、両側性、増殖性・免疫介在性の角膜炎で、重度になると視覚を喪失する。ジャーマン・シェパード・ドッグ、ベルジアン・シェパード・ドッグ・ターピュレン、グレーハウンドなどの罹患率が高い。原因は不明であるが、感染因子が特定されていないこと、免疫抑制療法に反応することから免疫介在性疾患（immune-mediated disease）と考えられている。紫外線は増悪因子で、太陽光の過剰曝露によって臨床症状が増悪する。通常、外側〜腹外側輪部に結膜の充血と色素沈着を伴った表層性の角膜混濁（corneal opacity）が認められ、さらに角膜に血管が侵

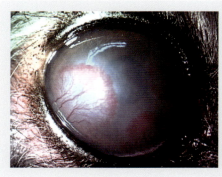

図 4-1c
慢性表層性角膜炎(パンヌス)。角膜外側、内側、腹側から血管が侵入し、同部の角膜が充血するとともに肉芽組織が形成されている。(写真提供：工藤動物病院　工藤荘六先生)

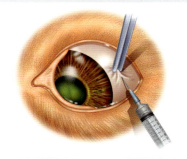

図 4-1d
結膜下注射の模式図。眼球結膜をピンセットで持ち上げ、針を背側より結膜に刺入して薬剤を結膜下に注射する。

図 4-1　非潰瘍性角膜炎の典型例とその処置法模式図

入して充血を呈しつつ桃白色の肉芽組織形成と色素沈着が続発する（図 4-1c）。このような臨床症状は外側〜腹外側に続いて、内側（鼻側）、腹側、背側の輪部という順番で発症し、向き合うように伸長して角膜全体を覆っていく。病勢が悪化すると肉芽組織の形成が顕著となり、色素沈着は不明瞭となる。眼の疼痛や眼脂はみられず、フルオレセイン染色も陰性である。

　診断は病歴、臨床症状、眼科検査に基づいて行うが、色素性角膜炎や乾性角結膜炎（keratoconjunctivitis sicca）などと鑑別しなければならない。コルチコステロイド点眼、シクロスポリン点眼やその軟膏投与（重症例ではコルチコステロイド点眼と併用）、コルチコステロイドの結膜下注射（subconjunctival injection、図 4-1d）などで治療するが、生涯にわたる投薬が必要となる。重症例では角膜表層切除術（図 4-1b）も行うが、再発するため手術後も内科療法は継続する。β線（ストロンチウム 90）照射も実施されるようになっている。予後は地理的条件、治療に対する反応性によって異なるが、視覚を喪失することも珍しくない。

■表層性点状角膜炎
　表層性点状角膜炎（superficial punctate keratitis）は点状の角膜上皮／上皮下混濁と角膜潰瘍の形成を主徴とする疾患で、免疫介在性疾患であると考えられてい

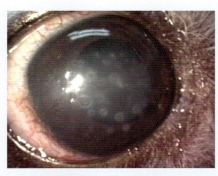

図 4-1e　表層性点状角膜炎。角膜表層に小さな円形のフルオレセイン染色陽性の角膜潰瘍がび漫性に形成され、一部で上皮下の角膜混濁も観察される。（写真提供：工藤動物病院　工藤荘六先生）

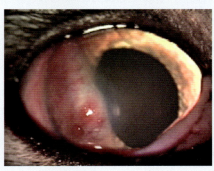

図 4-1f　猫好酸球性角（結）膜炎。眼球外側の角膜に桃色の隆起した肉芽組織が認められる。これに接する眼球結膜は充血し、周囲の角膜は軽度に混濁している。（写真提供：工藤動物病院　工藤荘六先生）

図 4-1　非潰瘍性角膜炎の典型例とその処置法模式図

る（図 4-1e）。粘液層（ムチン層）の欠如に起因する涙液膜異常の関与も示唆されている。紫外線曝露によって症状は増悪する。ロングヘアード・ダックスフンドやシェットランド・シープドッグでよくみられる。

　臨床症状は、び漫性・両側対称性・表層性の点状あるいは樹枝状の角膜混濁が認められること、およびそこに角膜潰瘍が形成されることである。潰瘍形成時には眼痛が惹起され、流涙、眼瞼痙攣、血管新生が認められる。診断は臨床症状に基づいて行うが、眼科検査により乾性角結膜炎や他の潰瘍性角膜炎と鑑別しなければならない。治療として、シクロスポリンあるいはコルチコステロイドの局所投与があげられるが、角膜潰瘍がある場合は自家血清や抗菌剤の点眼も実施する。予後は良好であるが、再発は珍しくなく、重症例では視覚を喪失することもある。

■深部角膜炎（間質性角膜炎）

　深部角膜炎（deep keratitis、間質性角膜炎；interstitial keratitis）は急速に進行する角膜混濁、血管新生、瘢痕形成によって特徴づけられ、ジステンパー、深部角膜潰瘍、外傷性損傷、前部ぶどう膜炎などに続発して起こる。原因疾患を特定するための眼科検査と他の臨床検査の結果から診断する。原因疾患の治療で対応するが、それが特定できない場合は表層性角膜炎に準じて治療する。

■好酸球性角膜炎（好酸球性角結膜炎）

好酸球性角膜炎（eosinophilic keratitis、好酸球性角結膜炎；eosinophilic keratoconjunctivitis）は猫と馬にみられる表層性の角（結）膜炎である。猫好酸球性角（結）膜炎（図 4-1f）では、白色から桃色の局所性に隆起した肉芽組織様の角膜壊死斑形成が単独あるいは多巣状に認められる。この壊死斑はフルオレセインに染色される。通常、片側性であるが、両側性に認められる場合もある。多くの症例で角膜外側部に発生するが、眼瞼や結膜にまで病変が及ぶこともある。重症例では、病変が角膜全体に及ぶ。原因は解明されていないが、免疫応答の異常が示唆されている。猫好酸球性角（結）膜炎では猫ヘルペスウイルス1型（feline herpesvirus 1, FHV-1）の関与も指摘されている。診断は臨床症状、眼科検査、細胞診に基づいて行う。病変部の細胞診では、好中球、好酸球、肥満細胞、過形成〜異形成の角膜上皮細胞を観察することができる。抗ウイルス薬（antiviral agent）と抗菌剤（潰瘍形成時）の局所点眼投与で治療する。症状が改善しない場合には、コルチコステロイドあるいはシクロスポリンの局所点眼を追加する（症状が改善されたら漸減）。予後は悪くないが、再発する。

■伝染性角結膜炎

伝染性角結膜炎（infectious keratoconjunctivitis）は反芻動物、特に牛で重要となる眼疾患である。牛の原因菌は*Moraxella bovis*であるが、*Mycoplasma bovoculi*、infectious bovine rhinotracheitis virus、*Ureaplasma* spp.、adenovirusなどの関与も指摘されている。ハエや接触感染によって伝播する。急性の粘液化膿性角結膜炎、流涙、眼瞼痙攣、角膜中央部での潰瘍形成、角膜浮腫、血管新生と肉芽組織の形成、続発性ぶどう膜炎がみられ、角膜潰瘍が進行するとデスメ膜瘤から眼球穿孔、全眼球炎に至ることもある。牛では、本症をピンクアイ（pink eye）とも呼ぶ。診断は臨床症状と細菌検査の結果から診断する。治療は、病畜の隔離とオキシテトラサイクリン（oxytetracycline）の全身投与（時に結膜下注射）で行う。

■角膜潰瘍（潰瘍性角膜炎）

角膜潰瘍（corneal ulcer、潰瘍性角膜炎）は表層の角膜上皮が欠失した状態のことをいい、さまざまな程度の角膜実質欠損を伴うこともあれば、伴わないこともある（図 4-2a、b）。

- 原因：異常睫毛、眼瞼内反症、外傷、異物、化学物質、感染（細菌、ウイルス、真菌）、角膜の乾燥、角膜上皮の発育障害、免疫異常などが原因で起こる。
- 病態：角膜損傷部では細菌、炎症細胞、角膜組織などからコラゲナーゼ（collagenase）やプロテアーゼ（protease）などのタンパク融解酵素が放出され、

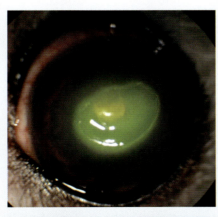

図 4-2a
表層性角膜潰瘍。角膜上皮が欠損し、表層性角膜潰瘍を形成している。潰瘍辺縁部よりフルオレセインが上皮下に侵入していることから上皮の接着障害も存在することが示唆される。

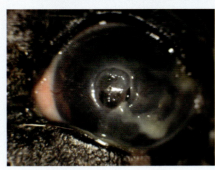

図 4-2b
深部角膜潰瘍。潰瘍性病変が角膜実質にまで及び、クレーター状の深部角膜潰瘍を形成している。一部の実質は完全に崩壊し、デスメ膜が露出している。

図 4-2 角膜潰瘍（潰瘍性角膜炎）とその処置法模式図

表 4-1 角膜潰瘍のグレード分類

グレード	状態	治療法
1	基底膜にまで達する上皮欠損	点眼薬物療法
2	上皮細胞の遊走がない上皮欠損、あるいは上皮細胞の接着障害を伴った上皮欠損（難治性潰瘍とも呼ばれる）	非接着上皮除去後、点眼薬物療法あるいは外科処置
3	進行性でない角膜実質潰瘍	点眼薬物療法が可能であるが、進行するようであれば外科処置
4-1	進行性の角膜実質潰瘍	外科処置（時に点眼薬物療法に反応することもある）
4-2	デスメ膜瘤	外科処置
5	角膜穿孔	外科処置

工藤荘六（2005）：眼の治療マニュアル. 点眼薬による治療法, p. 18. 千寿製薬, 大阪. より承諾を得て、一部改変の上、転載。

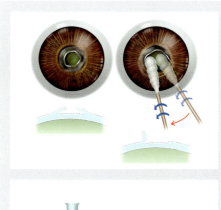

図 4-2c
接着不良角膜の除去法模式図。表面麻酔後、乾燥綿棒を用いて接着不良角膜を除去する。綿棒を回転させながら角膜輪部方向（外側）へ綿棒をすべらせて接着不良角膜をからめとりつつ、それを除去する。正常な角膜はこの操作で剥離することはない。

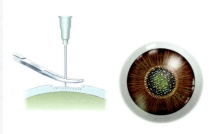

図 4-2d
点状角膜切開術の模式図。接着不良角膜上皮を除去後、20-23 G 針を用い、0.1 ～ 0.5 mm 間隔で、角膜の 0.1 ～ 0.2 mm の深さまで多数の点状角膜穿刺創をつくる。範囲は角膜上皮欠損部よりひとまわり大きめとする（角膜上皮欠損部に接する正常角膜部まで穿刺創をつくる）。

図 4-2e
格子状角膜切開術の模式図。接着不良角膜上皮を除去後、20-22G 針の針先を 90 度曲げたものを用いて格子状に角膜を切開する。範囲は点状角膜切開術と同じように潰瘍部よりひとまわり大きめとする。

図 4-2 角膜潰瘍（潰瘍性角膜炎）とその処置法模式図

これら酵素によって角膜の膠原線維が融解して実質が崩壊していく。このような状況下では、感染を制御していても角膜実質の融解が自律的に進行して深部（間質）角膜潰瘍（deep〈stromal〉corneal ulcer）、デスメ膜瘤（descemetocele）、角膜穿孔（corneal perforation）などの状態に陥る。

- 臨床症状：眼痛、羞明、流涙、眼瞼痙攣、結膜充血、上皮の糜爛・欠損、角膜の浮腫・混濁、血管新生、デスメ膜瘤、角膜穿孔などの臨床症状を呈する。
- 診断：臨床症状、および細隙灯顕微鏡検査、フルオレセイン染色検査などの眼科検査に基づき、診断とグレード分類を行う（表 4-1）。なお、デスメ膜はフルオレセインに染色されない。潰瘍部やその周辺の角膜掻爬材料を用いて培養検査や細胞診を行うこともある。

図 4-2f
放射状角膜切開術の模式図。接着不良角膜上皮除去後、20-22G 針の針先を 90 度曲げたものを用いて潰瘍部中心から輪部に向かって放射状に角膜を切開する。範囲は点状・格子状角膜切開術と同じように潰瘍部よりひとまわり大きめとする。

図 4-2g
有茎結膜被覆術の模式図。輪部周辺の眼球結膜を短冊状に切開・剥離し、吸収性糸で潰瘍部に縫合する。結膜採取部も吸収性糸で縫合する。

図 4-2h
中心橋状結膜被覆術の模式図。輪部周辺の眼球結膜を半周切開してその結膜を剥離し、それで潰瘍部を被覆するように吸収性糸で結膜皮弁を縫合する。結膜採取部も吸収性糸で縫合する。

図 4-2　角膜潰瘍（潰瘍性角膜炎）とその処置法模式図

- 治療：表層性角膜潰瘍では、乾燥綿棒で接着不良角膜を除去（図 4-2c）した後、自家血清あるいはコラゲナーゼ阻害剤、広域抗菌剤、角膜保護剤を点眼する。治療用のソフトコンタクトレンズを装着することもある。毛様体痙攣に起因する眼痛軽減や抗炎症作用（房水中のタンパク上昇抑制）を期待してアトロピン（atropine）の点眼も適用する。難治性の場合には角膜切開術（keratotomy、点状角膜切開術；punctate keratotomy〈図 4-2d〉、格子状角膜切開術；grid keratotomy〈図 4-2e〉、放射状角膜切開術；radiant keratotomy〈図 4-2f〉）を適用するが、猫に格子状角膜切開術を適用すると角膜分離症を誘発するため、それを実施してはならない。薬物療法に反応しない、潰瘍が深部にまで及ぶデスメ膜瘤の時には、結膜被覆術（conjunctival graft/flap、図 4-2g、h）、角強膜転

移術（corneoscleral transposition）、角膜移植術（corneal transplant/graft）などの外科処置を実施する。
- 予後：早期対応すれば予後は良好であるが、角膜の色素沈着が著しいと視覚を障害する。また、角膜穿孔や眼球炎の状態に陥っているものでは、予後は警戒を要するか不良である。

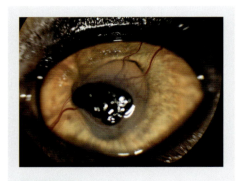

図 4-3
猫の角膜分離症
角膜中央部に大きな黒色壊死斑が形成されるとともに、そこに向かって太い新生血管が侵入している。黒色斑周囲の角膜は変性し、浮腫を呈して混濁している。

2. 角膜分離症（猫）

角膜分離症（corneal sequestration）は猫特有の疾患で、潰瘍化した壊死領域が角膜中央部に形成されるとともに同部に褐色〜黒色色素の沈着した斑（plaque）形成をすることによって特徴づけられる（図 4-3）。どの品種の猫にも発生しうるが、ペルシャ、ヒマラヤン、バーミーズ、シャム猫などの罹患率が高い。

- 原因：原因は明らかになっていないが、慢性の角膜刺激や角膜損傷がその発生因子として重要視されている。FHV-1 の関与も指摘されている。
- 病態：水溶性の染色物質が変性膠原線維に吸収されて褐色斑が形成される。涙が淡褐色に変化したり、内眼角の被毛が褐色に染まることもある。異常は、円形〜卵円形のび漫性色素沈着が角膜中心部から始まる。硬い黄褐色の斑が徐々に下層に進行し、周囲の角膜上皮や実質が混濁・変性して壊死に陥る。時には、この変化がデスメ膜にまで達する。
- 臨床症状：疼痛、眼瞼痙攣、涙液の過剰産生、瞬膜突出、内眼角での褐色粘液蓄積、角膜炎、血管新生、角膜実質の浮腫などが認められる。
- 診断：臨床症状と眼科検査の結果に基づいて診断する。黒色斑（necrotic plaque、黒色壊死巣）はフルオレセイン色素に染まらないが、その周囲の異常角膜部はフルオレセイン色素に染まる。
- 治療：角膜刺激の原因が特定できれば、それを治療する。病変が表層に限局していれば、広域抗菌剤と抗ウイルス薬を点眼する。抗ウイルス薬の全身投与も考慮する。疼痛が激しい、病変が深層にまで及ぶ、内科療法に反応しない時には角膜表層切除術（図 4-1b）を実施する。早期に外科処置を行った場合、疼痛の緩和や病変の拡大を防ぐことができる。病変がデスメ膜近くにまで及ぶ場合には、最深部の壊死巣は除去しないほうがよい。手術による角膜欠損部は新鮮な潰瘍病変として処置する。欠損部が大きい場合には、結膜被覆術（図 4-2g、h）、角強膜転移術、角膜移植術などを適用する。

- 予後：涙が褐色に染まることがない症例では、予後はよいが、角膜の瘢痕は残存する。角膜表層切除術後の再発率は約30%である。ビタミンA、広域抗菌剤、角膜保護剤を用いて角膜の乾燥防止と保護に努める。

3. 角膜変性症と代謝性浸潤

角膜変性症（corneal degeneration）と代謝性浸潤（metabolic infiltrate）は慢性角膜炎、代謝性疾患、角膜手術後に続発する非遺伝性疾患で、片側性あるいは両側性に起こる。角膜内皮変性（endothelial degeneration）、角膜上皮や実質内における脂質あるいはカルシウム、あるいはその両者の浸潤・沈着、角膜上皮の嚢胞変性（epithelial cystic degeneration）、角膜実質内での水疱形成（水疱性角膜症；bullous keratopathy）などがみられる。脂質沈着（lipid deposition）やカルシウム沈着（calcium deposition）は犬でよくみられるが、猫ではまれである。脂質沈着は全身性高リポタンパク血症に続発し、白色環状輪の形成がみられる。内皮変性では角膜の浮腫と肥厚を、脂質沈着では灰色〜白色の円形、帯状、不規則な形状の角膜混濁を、カルシウム沈着では白色から結晶性の不規則で帯状の角膜混濁を呈する。診断は、臨床症状と他の眼科疾患を鑑別することで行う。血液検査などの臨床検査も実施する。原発性疾患が存在すればその治療を行う。免疫介在性疾患が関与する場合にはシクロスポリン点眼を実施する。1〜2% EDTA 2K（dipotassium ethylenediamine tetra acetate）点眼処置が有効なこともある。角膜表層切除術（図4-1b）も適用できるが、手術後再発することもある。

4. 角膜ジストロフィー（角膜異栄養症）

角膜ジストロフィー（corneal dystrophy、角膜異栄養症）は角膜炎や全身性疾患とは関連しない原発性、両側性、遺伝性、家族性の角膜疾患で、局所性・左右対称性の角膜混濁や変性症を引き起こす（図4-4）。犬に多く、猫ではまれである。

- 原因：先天異常、角膜での脂質代謝異常、角膜上皮や基底膜の変性、角膜内皮の変性などが関与する。
- 病態：6カ月齢〜6歳のシェトランド・シープドッグにみられる緩徐な進行性のものが上皮ジストロフィー（epithelial dystrophy）で、これには多病巣性の角膜糜爛（corneal

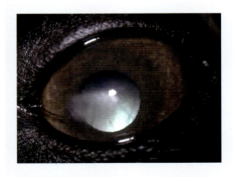

図4-4

角膜ジストロフィー（角膜異栄養症）
中央部から鼻側にかけての角膜が白色に混濁し、上皮ジストロフィーが認められる。混濁の強い領域では角膜の上皮糜爛も起こり始めているようである。

erosion）が関与する。角膜実質の脂質ジストロフィー（lipid dystrophy）は、若齢のシベリアン・ハスキー、キャバリア・キング・チャールズ・スパニエル、シェットランド・シープドッグ、ラフ・コリー、アフガン・ハウンドなどに発症する。沈着物は角膜表層の中心部に存在し、徐々に拡大する。内皮ジストロフィー（endothelial dystrophy）は、中～高齢のボストン・テリア、ダックスフンド、チワワ、ボクサーなどの雌に多くみられる。

- 臨床症状：上皮性の角膜ジストロフィーでは、無症状あるいは角膜糜爛に起因する眼瞼痙攣がみられる。実質性脂質角膜症（stromal lipid keratopathy）では、角膜の中心に灰白色から銀色の円形～卵円形角膜混濁部がみられ、拡大すると角膜が結晶性のすりガラス様を呈する。炎症反応はなく、視覚障害も重度でない限りみられない。内皮性の角膜ジストロフィーでは深層性の角膜浮腫がみられ、数カ月から数年で角膜全体に及ぶ。時に、水疱性角膜症、角膜糜爛、角膜潰瘍を引き起こす。

- 診断：細隙灯顕微鏡検査やフルオレセイン染色検査などを実施し、角膜混濁の原因となりうるその他の角膜疾患、ぶどう膜炎、緑内障を除外することで診断する。コレステロール、トリグリセリド、カルシウム、血糖などの血液検査も実施する。

- 治療・予後：角膜ジストロフィーは局所療法に反応しない。実質性の脂質変性症は治療を必要としない。沈着物除去を目的として、部分的に角膜表層切除術（図 4-1b）を行うこともあるが、再発することもある。角膜浮腫を除去するため、高張食塩水や高張グルタチオンの点眼を実施する。潰瘍を形成しているものでは潰瘍性角膜炎に準じて治療する。また、著しく進行した内皮ジストロフィーでは全層性角膜移植術を行うこともあるが、予後はよくない。

5. 上強膜炎および強膜炎

上強膜炎（episcleritis）は強膜表面の炎症で、強膜炎（scleritis）は強膜深層の炎症である。原発性強膜炎は一般的に犬の疾患である。原発性上強膜炎は単純上強膜炎（simple episcleritis、図 4-5a）と結節性肉芽腫性上強膜炎（nodular granulomatous episcleritis〈NGE〉/episclerokeratitis、図 4-5b）に分けられる。

- 原因：上強膜炎および強膜炎は免疫介在性疾患である。
- 病態：強膜組織の炎症は強膜に限局することもあるが、他の眼球組織にまで波及して視覚に影響を及ぼす。結節や腫瘤形成を伴わない広範な上強膜炎を単純上強膜炎と呼び、強膜血管にび漫性充血をもたらす。結節性肉芽腫性上強膜炎はコリーやシェットランド・シープドッグに好発し、角膜輪部に1～数個のピンク色あるいは黄褐色の腫瘤や隆起物を形成する。この病変はしばしば隣接する角膜へも浸潤する。強膜炎はアメリカン・コッカー・スパニエルに好発し、

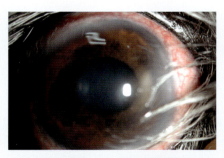

図 4-5a
単純上強膜炎
眼球結膜がび漫性に充血している。眼球外側の角膜輪部は角張り輪部が直線状になっているとともに、その部位の角膜は白く混濁している。(写真提供：工藤動物病院　工藤荘六先生)

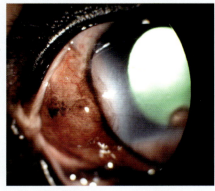

図 4-5b
結節性肉芽腫性上強膜炎
眼球外側に結節性の腫瘤性病変が形成されている。腫瘤性病変部の強膜は充血し、腫脹している。単純上強膜炎と同じように病変部の角膜輪部は角張っている。炎症性変化は角膜にも及び、そこが桃白色に混濁している。角膜腹側にも同様の病変が認められている。

図 4-5 上強膜炎および強膜炎

広範な輪部付近の強膜肥厚あるいは桃色から褐色の腫瘤性病変を形成する。
- 臨床症状：上強膜および強膜組織における1～複数個の結節性腫瘤性病変の形成、び漫性の強膜充血、強膜の腫脹・肥厚があげられる（図 4-5）。輪部に発生することが多く、そこは角張り、隣接する角膜は混濁する（図 4-5）。上強膜炎、強膜炎、いずれも赤目を呈する。上強膜炎では眼痛はなく、結膜炎を伴わなければ眼脂もない。強膜炎では眼痛、眼脂、羞明、流涙、ぶどう膜炎などがみられる。
- 診断：診断は臨床症状に基づいて行い、確定・鑑別診断には組織検査が必要となる。
- 治療：局所ならびに全身性のコルチコステロイド投与で治療する。腫脹部周囲にコルチコステロイドの結膜下注射を行うこともある。ステロイド療法に反応しない場合には、シクロスポリンやアザチオプリンなどの免疫抑制剤を投与する。大きな結節性病変や腫瘤が存在する時には、薬物療法前にそれらを外科的に切除しておくと免疫抑制療法によく反応する。
- 予後：適切に治療されれば予後は悪くないが、治療は生涯必要となる。

6. 角強膜の腫瘍

　角強膜腫瘍として、黒色腫（melanoma）、扁平上皮癌（squamous cell carcinoma）、線維肉腫（fibrosarcoma）、血管肉腫（hemangiosarcoma）、ウイルス性乳頭腫（viral papilloma）、組織球腫（histiocytoma）、リンパ腫またはリンパ肉腫（lymphoma/lymphosarcoma）があげられる。角膜腫瘍はまれであるが、輪部に発生すると角膜上にまで増殖する。眼科検査で腫瘍の浸潤程度を評価し、確定診断は生検によって行う。腫瘍が小さければ部分的な角膜表層切除術（**図 4-1b**）、角強膜転移術、角膜移植術、角強膜置換術などの適用を考慮するが、多くの場合は眼球を摘出する。予後は腫瘍の浸潤程度や遠隔転移の有無によって異なる。

4-2 緑内障

到達目標	緑内障の原因、病態、臨床症状、診断法および治療法を説明できる。
キーワード	緑内障、高眼圧、房水、隅角、主流出路、副流出路、失明、眼圧

1. 定　義

獣医学領域では、高眼圧により視神経や網膜が進行性に変性し、それらが正常に機能しなくなって視覚障害（視覚喪失を含む）を呈する状態のことを緑内障（glaucoma）という。

2. 原因・病態

健常眼では、房水の産生量と排出量は一定である。房水は、毛様体無色素上皮で能動的および受動的に産生されている。そのなかで房水産生に大きくかかわるのは能動的産生で、炭酸脱水酵素と自律神経によって調節されている。

毛様体無色素上皮で産生された房水は瞳孔を通って前房内に到達し、前房水となる。前房内からの房水は、主に隅角（虹彩・角膜角）を経由して主流出路（線維柱帯流出路）と呼ばれる排出系路から櫛状靱帯、線維柱帯網、毛様体裂を経て強膜静脈叢に至り、排泄される。副流出路として、ぶどう膜・強膜流出路と呼ばれる虹彩や毛様体の間隙を経て脈絡膜循環に流出する経路がある。ぶどう膜・強膜流出路は房水総排出量の 25％にも満たないといわれている（そのため、副流出路と呼ばれる）。

緑内障眼では隅角からの房水の排出障害が生じ、房水がうっ滞して眼圧が上昇する。緑内障は原発性に生じる原発性緑内障（primary glaucoma）と続発性に生じる続発性緑内障（secondary glaucoma）がある。原発性緑内障には、線維柱帯にプロテオグリカンやグリコサミノグリカンなどが沈着して眼圧が上昇する隅角の形成異常を伴わない原発開放隅角緑内障（primary open angle glaucoma）と、隅角の形成異常によって高眼圧が惹起される原発閉塞隅角緑内障（primary closed angle glaucoma）がある。緑内障の好発犬種として、アメリカン・コッカー・スパニエル、バセット・ハウンド、サモエド、ビーグル、ワイアード・フォックス・

テリア、プードル、柴犬などがあげられるが、その多くは隅角の形成異常による閉塞隅角緑内障である。

緑内障で最も多いであろうと考えられているのは、続発性緑内障である。これは、ぶどう膜炎、眼球内腫瘍、水晶体脱臼（図 4-6）などが原因となり、炎症細胞の浸潤やタンパク質の漏出、血管新生、周辺虹彩後癒着、瞳孔ブロック、物理的な隅角の圧迫などがもたらされ、その結果として隅角からの房水排出が阻害されて高眼圧状態に陥る。

以上のように、さまざまな原因で眼圧が上昇し、眼球に対して異常な圧力が加わることで、中枢神経の一つである視神経に不可逆性の障害がもたらされることから、最終的に失明する。

図 4-6
緑内障眼における水晶体脱臼と角膜混濁

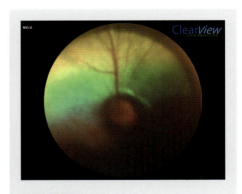

図 4-7
緑内障眼でみられた視神経乳頭の萎縮

3. 臨床症状

緑内障の急性期は、結膜および上強膜血管のうっ血、眼瞼痙攣、疼痛、散瞳などの臨床症状がみられる。慢性期には眼圧上昇に起因する眼球拡張（牛眼；buphthalmos）、角膜内皮損傷に伴う角膜線条痕（Haab's striae）および角膜浮腫、視神経乳頭の陥凹（cupping）や萎縮（図 4-7）による盲目など、特徴的な臨床症状がみられる。

4. 診　断

眼圧（intraocular pressure, IOP）測定には眼圧計を使用する。獣医学領域で使用される眼圧計には、圧入式、圧平式、反跳式のものがある。眼球や頸動脈の圧迫により測定値が大きく変動するため、眼圧測定時の保定には十分注意しなければならない。臨床的には、通常、20 〜 25 mmHg が眼圧の正常値上限と考えられている。

高眼圧を確認した場合、眼底検査で視神経乳頭の陥凹の有無を確認する。視神経乳頭が高眼圧によって変性状態に陥ると乳頭が陥凹して、径が小さくなり、かつそれが暗く観察される（図 4-7）。

また、房水の主要な排出系路である隅角を隅角鏡にて観察する。特に、緑内障を発症していない反対側の眼の隅角検査は、緑内障の発症予想のみならずその予防策を考慮する上で非常に重要なことである。

5. 治療

- 内科治療：緑内障の初期治療は点眼療法である。内科的な治療薬には房水の産生を抑制する薬剤とそれの排出を促進する薬剤がある。
  - 房水の産生を抑制する薬剤：房水の産生を抑制する薬剤として、ドルゾラミドやブリンゾラミドなどの炭酸脱水酵素阻害薬、および非選択的β遮断薬であるマレイン酸チモロールを代表とする交感神経抑制薬があげられる。交感神経抑制によって房水の産生を低下させる点眼薬として、$α_1$遮断薬、$α_2$作動薬、$β_1$遮断薬などもある。
  - 房水の排出を促進する薬剤：房水の排出を促進する薬剤として、強い縮瞳作用により隅角を広げて主流出路からの排出を促進する副交感神経作動薬と、ぶどう膜・強膜流出路を介して房水の流出を促すプロスタグランジン関連薬の点眼薬があげられる。前者の代表としてピロカルピンが、後者の代表としてラタノプロストがある。
  - 臨床での使用法：犬の原発緑内障では、眼圧を下げるためにプロスタグランジン関連薬の点眼薬が主に使われる。点眼薬で眼圧が下がらない場合には、高浸透圧利尿薬であるマンニトールによる治療を行うこともある。以上の処置でも眼圧が下がらない場合には、前房穿刺を施すことがある。しかし、前房穿刺により激しいぶどう膜炎が引き起こされるため、この処置を適用するかどうかは熟慮する必要がある。緑内障に罹患した犬では、その視覚の有無にかかわらず、緑内障手術までの間は内科的に治療されることが多い。
- 外科治療：緑内障では、視覚のある場合とそれのない場合で選択される術式が異なる。
  - 視覚がある場合：視覚がある場合、あるいは緑内障発症後短期で、視覚回復の見込みがある場合は、角強膜管錐術／角強膜穿孔術（corneoscleral trephination）、シャントチューブ設置術（placement of a shunt tube）、毛様体光凝固術（cyclophotocoagulation）などが実施される。また、水晶体の前方脱臼に起因する緑内障では水晶体摘出術が実施される。術後は、20 mmHg以下となるように眼圧を維持し、視神経乳頭に対する障害を最小限に抑える。
  - 視覚がない場合：緑内障で視覚のない場合、すなわち慢性経過の緑内障では、美容上の観点から眼内義眼を用いた眼球内容除去術（evisceration with an intraocular prosthesis）／強膜内シリコン義眼挿入術（intrascleral silicone prosthesis）が選択されることが多い。また、眼球癆を誘発するため硝子体内

にゲンタマイシンを注入することもある。メラノーマなどの眼球内腫瘍に起因する緑内障の場合には眼球摘出術（enucleation）が唯一の選択肢となる。
- 予後：緑内障の予後は一般的に不良である。原発閉塞隅角緑内障では、健常眼にもβ遮断薬を点眼することで緑内障の発症を遅らせることができる。

4-3 ぶどう膜の疾患

到達目標　ぶどう膜炎の原因、病態、臨床症状、診断法および治療法を説明できる。

キーワード　虹彩委縮、瞳孔膜遺残、ぶどう膜嚢胞・虹彩嚢胞、ぶどう膜炎、血液-眼関門、前房出血、前房蓄膿、ぶどう膜腫瘍

1. 虹彩萎縮

- 定義：虹彩萎縮（iris atrophy）は、加齢性の変化により、瞳孔縁が不規則になった状態をいう。
- 原因・病態：加齢性の変化である。
- 臨床症状：虹彩の実質および括約筋が萎縮し、瞳孔運動が阻害されることで最終的には散瞳状態となる（図4-8、9）。
- 診断：瞳孔辺縁が不整であることを確認する。タペタムからの反射を用いた反帰光線法では、虹彩線維が破れたガーゼのような感じを呈する。先天性の虹彩低形成、緑内障による散瞳と鑑別しなければならない。
- 治療：加齢性の変化であるため、治療法はない。

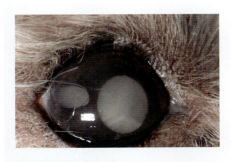

図 4-8　虹彩萎縮 1

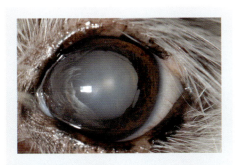

図 4-9　虹彩萎縮 2

2. 瞳孔膜遺残

- 定義：瞳孔膜遺残（persistent pupillary membrane）は、胎生期の瞳孔膜が吸収されることなく、前房内に残存した状態をいう。
- 原因・病態：胎生期、瞳孔は瞳孔膜と呼ばれる薄い膜に覆われている。通常、生後1カ月程度で徐々にそれは吸収される。瞳孔膜遺残の原因として家族性の素因が考えられているが、その詳細は不明である。

- 臨床症状：バセンジー、ダックスフンド、チャウ・チャウ、ウェルシュ・コーギー・カーディガンなどに好発する。瞳孔膜遺残にはいくつかの型が存在する。主に虹彩から虹彩へ至る遺残、虹彩から角膜に至る遺残、虹彩から水晶体に至る遺残があり、臨床的に問題となるのは角膜または水晶体前嚢に遺残している場合である。虹彩から角膜に至る遺残では角膜内皮に障害を起こして角膜浮腫や角膜混濁が生じる。重度になると、水疱性角膜症になることもある。虹彩から水晶体に至る遺残では水晶体の付着部に白内障を生じるが、一般的には、進行しない限局性の混濁にとどまる。
- 診断：細隙灯顕微鏡を用いて、虹彩部分を拡大し、瞳孔膜遺残の有無を確認して診断する。鑑別診断として、前部ぶどう膜炎（虹彩炎）と虹彩後癒着があげられる。
- 治療：根本的な治療法はない。角膜内皮に障害があり、水疱性角膜炎を生じている場合には、脱水作用を期待して高濃度（2.5～5％）の高張食塩水点眼による対症療法や、角膜熱変性術（corneal diathermy、thermokeratoplasty）などを適用する。水晶体に白内障が生じ、それによって視覚障害を呈していれば白内障手術を考慮する。

3. ぶどう膜嚢胞

- 定義：ぶどう膜嚢胞（uveal cyst）は、黒褐色の嚢胞が前房内に浮遊したり、毛様体に付着した状態のことをいう。同義語として、「ぶどう膜嚢腫（uveal cyst）」、「虹彩嚢胞（iris cyst）」（図 4-10）、「虹彩嚢腫（iris cyst）」がある。
- 原因・病態：犬にみられることが多い。虹彩や毛様体から発生し、瞳孔縁に付着することもある。前房内に黒褐色の嚢胞が認められる。
- 臨床症状：小さな嚢胞が一つだけ存在する場合は、特に問題となることはない。多数の嚢胞が瞳孔を埋め尽くすようであれば、視覚に影響を及ぼす。
- 診断：鑑別診断として、メラノーマなどのぶどう膜腫瘍があげられる。細隙灯顕微鏡を用いた検査により、嚢胞が実質性でなく、中空構造であることを確認する。
- 治療：一般的に、ぶどう膜嚢胞が瞳孔を塞いで視覚に影響を及ぼさない限り、治療は行わない。治療する場合は、外科的に行う。外科手術は白内障手術用の眼内灌流針を用いて、輪部から嚢胞にアプローチし、眼内を灌流することで嚢胞を容易に除去できる。

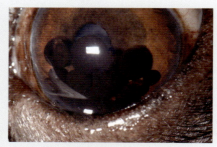

図 4-10　虹彩嚢胞

4. ぶどう膜炎

- 定義：ぶどう膜は、虹彩、毛様体、脈絡膜で構成される。ぶどう膜は血流が豊富で、また血液 - 眼関門が存在する。この関門がさまざまな原因で破綻することで生じる炎症をぶどう膜炎（uveitis）という（図 4-11）。

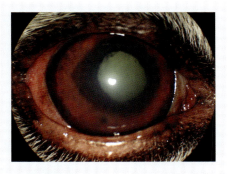

図 4-11 フォークト - 小柳 - 原田様症候群でみられたぶどう膜炎
（写真提供：大阪公立大学 長谷川貴史先生）

- 原因・病態：
  - 血液 - 眼関門：眼球にも血液 - 脳関門のような血液 - 眼関門が存在し、眼の恒常性を維持している。血液 - 眼関門は、毛様体無色素上皮細胞、虹彩血管内皮細胞が関与する血液 - 房水関門（blood-aqueous barrier, BAB）、網膜血管内皮細胞、網膜色素上皮細胞が関与する血液 - 網膜関門（blood-retinal barrier, BRB）で構成されている。これらの関門は、細胞のタイトジャンクションにより物理的に物質の透過性を抑制しているため、分子量の大きな物質は透過できないばかりでなく、脂溶性物質やイオンなどの透過も制限している。一方、ブドウ糖などの必要不可欠な物質は、トランスポーターの作用を介して能動的に取り込まれている。この眼に存在する関門が破綻することで、ぶどう膜炎が生じ、眼の恒常性が維持できなくなる。
  - 分類：ぶどう膜の炎症は部位別に、前部ぶどう膜炎（虹彩毛様体炎）、中間部ぶどう膜炎、後部ぶどう膜炎（脈絡膜炎）、全ぶどう膜炎（汎ぶどう膜炎）に分類される。後部ぶどう膜炎において、脈絡膜の炎症が隣接する網膜にまで波及している場合を脈絡網膜炎（網脈絡膜炎）と呼ぶ。発症経過による分類では、急性、亜急性、慢性に分類される。原因別では、外傷などによる外因性と免疫介在性疾患などに関連した内因性に分けられる。ちなみに、白内障手術などによる眼球内の外科手術による炎症も外因性のぶどう膜炎に大別されるが、炎症では脈絡膜や硝子体にまで炎症が及ぶため、ぶどう膜炎ではなく、特別に、術後眼内炎と称されている。ぶどう膜はリンパ装置でもあり、Ⅱ、Ⅲ、およびⅣ型のアレルギー反応が起こりやすいと考えられている。病理組織学的には、免疫反応の結果により肉芽腫性と非肉芽腫性の炎症に分類される。
  - 原因：ぶどう膜炎は、感染や免疫介在性疾患などの全身性疾患と関連することが多い。レプトスピラ症、ブルセラ症、マイコバクテリウム感染症、伝染性肝炎、狂犬病、ハエウジ症、犬糸状虫症、リケッチア症、トキソプラズマ症、

トキソカラ感染症、クリプトコッカス症、子宮蓄膿症、過熟白内障、フォークト-小柳-原田様症候群（ぶどう膜皮膚症候群、図 4-11）、外傷（猫に引っかかれたなど）、重度な角膜潰瘍、ピロカルピンの点眼、メラノーマなどのぶどう膜腫瘍、腎不全や血液過粘稠症候群などによる高血圧症、ヘルペスウイルス感染症、猫免疫不全ウイルス感染症、猫伝染性腹膜炎（FIP）、猫白血病ウイルス感染症、さらに産業動物では馬回帰性ぶどう膜炎、牛悪性カタル熱、牛伝染性鼻気管炎、牛伝染性角結膜炎、牛の壊疽性乳房炎、牛のリステリア症、緬山羊のクラミジア感染症など、その原因は多岐にわたる。そのため、原因が特定できず、特発性疾患とみなされることも多い。

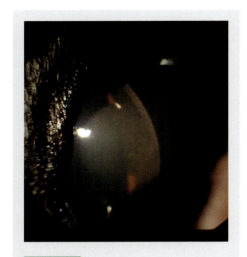

図 4-12
前部ぶどう膜炎罹患眼でみられた前房フレア
（写真提供：大阪公立大学 長谷川貴史先生）

- 臨床症状：主な症状として、眼の充血、羞明、流涙症などがあげられる。両側性の場合、視覚障害を伴うこともある。

- 診断：ぶどう膜炎の場合、緑内障と乾性角結膜炎をあらかじめ鑑別しておく必要がある。

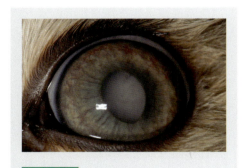

図 4-13
ぶどう膜炎でみられた虹彩充血

  ◦ 前部ぶどう膜炎に特徴的な所見：前部ぶどう膜炎は細隙灯顕微鏡など質のよい光源と拡大鏡を用いて、前房フレア（図 4-12）を確認する。前房フレアは血液-房水関門の破綻により房水中に漏出した血漿タンパク質などが細隙灯顕微鏡の光に乱反射してみえる前部ぶどう膜炎に特徴的な所見である。より重度な場合には、前房蓄膿、角膜後面沈着物、豚脂様凝塊などが観察される。前房混濁が重度でなければ、虹彩の状態も観察できる。通常、プロスタグランジンなどの起炎物質により、虹彩は縮瞳する。炎症により、虹彩が水晶体に癒着していることもある。さらに、虹彩色素の少ない動物では血管の充血に伴う虹彩ルベオーシス（虹彩に形成された新生血管のこと）が観察できる

（図4-13）。その他、前部ぶどう膜炎に特徴的な所見として、毛様充血があげられる。この充血は結膜血管が明瞭に充血するのではなく、深層にある毛様体血管がほんのりと充血するものである。ぶどう膜炎時には低眼圧となる。これは、血液‐房水関門が破綻することで、眼の恒常性が保たれなくなったことによってもたらされる。猫免疫不全ウイルス感染症では、中間部ぶどう膜炎による硝子体内の雪堤防状の細胞浸潤、俗にいう「Snow banking」を生じることもある。

- 後部ぶどう膜炎に特徴的な所見：後部ぶどう膜炎に特徴的な所見として、網膜血管周囲に炎症細胞が浸潤することで引き起こされる網膜血管周囲細胞浸潤（カフ形成）や網膜浮腫、網膜下の滲出液貯留、網膜出血などがあげられる。
- 治療：内科的には免疫抑制量のコルチコステロイド投与が中心となる。アトロピンなどの散瞳剤を点眼することで、毛様体筋を麻痺させて疼痛を緩和するだけでなく、散瞳させることで虹彩の癒着を予防することも可能となる。免疫介在性の場合、再発することが多い。そのため、原因疾患を解明する努力が必要となる。子宮蓄膿症や腫瘍などが原因の場合には、外科的に原因を取り除く必要がある。

ぶどう膜炎の合併症として、白内障、緑内障、眼球癆（眼球萎縮）、網膜剥離などがあげられる。

5. 前房出血

- 定義：前房内に出血している状態を前房出血（hyphema）という（図4-14）。
- 原因・病態：外傷性と非外傷性に分けられる。非外傷性の前房出血は多くの場合、ぶどう膜炎に続発する。血小板減少症などの血液凝固異常、ワルファリン中毒、全身性の高血圧症、前房内腫瘍などが出血の原因となりうる。また、猫では猫白血病ウイルス感染症、バルトネラ症などの時に前房出血が起こりやすいとされている。
- 臨床症状：前房内に赤い血液が存在する。急性期では鮮血色であるが、時間が経つとともに黒褐色に変わる。
- 診断：細隙灯顕微鏡などで、前房内に出血があるかどうかを確認する。血液検査では凝固異常があるかどうかを、超音波検査では眼球内に腫瘍があるかどうかを確認する。
- 治療：全身性疾患がある場合にはそれを治療する。初回の前房出血では、鎮静剤を投与するとともに安静にす

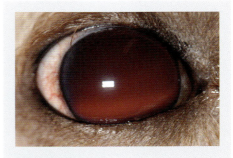

図4-14　前房出血

ることで治療の効率が上がる。前房出血に対する治療は、ステロイド剤や非ステロイド剤による抗炎症療法が中心となる。散瞳剤の点眼も効果的であろう。

6. 前房蓄膿

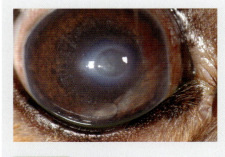

図 4-15　前房蓄膿

- 定義：前房蓄膿（hypopyon）は、前房内に膿が溜まった状態をいう（図4-15）。
- 原因・病態：前部ぶどう膜炎時にみられる症状の一つである。角膜潰瘍や角膜穿孔に起因する眼球内感染時にも前房蓄膿がみられるが、多くは免疫が関与することで発症する。末期の白血病でも前房蓄膿を認めることがある。

図 4-16　ぶどう膜由来の黒色腫

- 臨床症状：砂時計のように前房の下方に白血球が沈殿する。
- 診断：前房内に白血球が沈殿していることを確認する。
- 治療：ぶどう膜炎の治療と同様に、まず免疫抑制量のステロイド剤を投与する。感染が疑われる場合には広域スペクトルの抗菌剤を使用する。前房蓄膿が瞳孔の高さより高くなり視覚を阻害するようであれば、全身麻酔下で前房灌流を行うこともある。この時、房水の細胞診と細菌培養ならびに薬剤感受性検査を同時に行う。しかし、ぶどう膜炎が治まっていないうちに外科処置をすると、さらに激しい炎症を惹起してしまう可能性もある。原因疾患が治療できれば、予後は良好である。

7. ぶどう膜の腫瘍

- 定義：ぶどう膜由来の新生物をぶどう膜腫瘍と呼ぶ。
- 原因・病態：眼球内に腫瘍様の新生物が形成される。図4-16のように黒褐色の色素をもつ場合が多いが、白色～桃色の腫瘍がみられることもある。原発性腫瘍として、メラノーマ、毛様体腺腫／腺癌、血管腫／肉腫などがあげられる。犬の場合、眼球への転移性腫瘍として、リンパ腫、乳腺癌、移行上皮癌などがあげられる。
- 臨床症状：腫瘍が大きくなるまで臨床症状を示すことはあまりない。腫瘍が大

きくなり強膜に浸潤すると、強膜が薄くなり、強膜越しに腫瘍が観察できるようになる。また、角膜を穿孔して、内部の腫瘍が眼球外に出てくることもある。
- 診断：細隙灯顕微鏡で、眼球内に腫瘤状の占拠性病変があることを確認する。前房出血のため眼球内の観察ができない場合には、超音波検査やCT/MRI検査が有用である。確定診断には、腫瘍の細針吸引生検（FNA）や生検が有用である。
- 治療：猫のメラノーマ以外は転移率が低いために経過観察をしながら、適切な時期に眼球摘出を行う。予後は良好である。一方、猫のメラノーマは転移率が高いため、腫瘍細胞が強膜に浸潤して眼圧上昇を来す前に、速やかに眼球摘出を行うべきである。

4-4 水晶体の疾患

到達目標	水晶体疾患（白内障、水晶体脱臼）の原因、病態、臨床症状、診断法および治療法を説明できる。
キーワード	白内障、水晶体脱臼

1. 白内障

- 定義：白内障（cataract）とは、本来透明であるはずの水晶体や水晶体嚢が変性して不透明になった状態のことをいう（図 4-17）。
- 原因・病態：原因として、加齢、外傷、電撃、放射線、先天性、糖尿病、低カルシウム血症、ナフタレン中毒などがあげられる。これらのうち、糖尿病性白内障の原因は、アルドース還元酵素を介した作用による。糖尿病による高血糖状態では、房水中のグルコース濃度も高くなっている。水晶体では、通常、グルコースを代謝するために解糖系が働くが、高血糖状態下では解糖系の初期に関与する酵素のヘキソキナーゼが水晶体中で枯渇してしまう。高血糖動物の過剰なグルコースに対して、解糖系の代替代謝経路としてアルドース還元酵素が活性化されるとともにソルビトール回路でもグルコースを代謝するようになる。グルコースから産生されたソルビトールやフルクトースは安定した物質であるため、水晶体線維中に蓄積してその浸透圧を上昇させてしまう。その結果、水晶体中に水分が貯留し、細胞膜が破壊されてタンパク質も変性をしてしまい糖尿病性白内障が引き起こされる。一方、成猫においては、水晶体中のアルドース還元酵素含有量が相対的に少ないため、糖尿病性白内障は生じにくいと考えられている。
- 臨床症状：白内障は、発症年齢、発症原因、発症部位、病期などにより分類する。

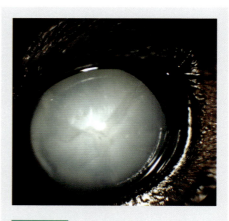

図 4-17
水晶体が白濁した状態の成熟白内障
（写真提供：大阪公立大学 長谷川貴史先生）

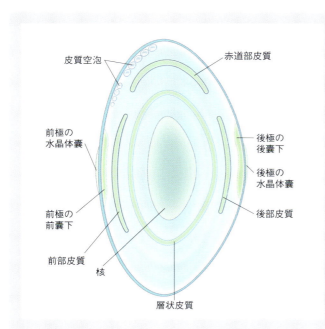

図 4-18
水晶体の部位による白内障の分類模式図

- 発生年齢による分類：
  先天性：開瞼時、すでに白内障がある。遺伝性であることが多い。
  若齢性：5、6歳までに発生する白内障のことをいう。
  加齢性：加齢により6歳以上の高齢期に発症する白内障のことをいう。
- 発症原因による分類：
  糖尿病性白内障：糖尿病に起因する浸透圧変化により生じる白内障のことをいう。
  放射線性白内障：放射線障害により生じる白内障のことをいう。多くは頭部や鼻部への放射線照射治療によって引き起こされる。
  栄養性白内障：低カルシウム血症や代用乳などにより生じるアルギニンやフェニルアラニンの欠乏症に起因する白内障のことをいう。
- 発症部位による分類：（図 4-18）
  前嚢下白内障：水晶体前嚢下が混濁している状態のことをいう。
  後嚢下白内障：水晶体後嚢下が混濁している状態のことをいう。
  赤道部白内障：水晶体赤道部が混濁している状態のことをいう。
  極部白内障：水晶体極部（前極と後極）が混濁している状態のことをいう。
  皮質白内障：水晶体皮質が混濁している状態のことをいう。
  核白内障：水晶体核が混濁している状態のことをいう。
- 病期による分類：
  初発白内障（incipient cataract）：白内障初期にみられる小さくて限局的な水

晶体の混濁状態を初発白内障という。

未熟白内障（immature cataract）：水晶体の混濁が広がっているが、視覚が確保されている状態のことをいう。

成熟白内障（mature cataract）：混濁が水晶体全体に広がり、視覚を失った状態のことをいう。

過熟白内障（hypermature cataract）：変性混濁した水晶体皮質が液化し、水晶体の体積が減少した状態を過熟白内障という。多くの場合、前部ぶどう膜炎を併発する。

モルガニー白内障：水晶体皮質が液化し、水晶体核のみが下方に沈んだ状態のことをいう。

膨隆白内障：白内障化した水晶体に水分が吸収されて、水晶体が膨張した白内障のことをいう。続発性緑内障を併発する危険性がある。

- 診断：散瞳後、細隙灯顕微鏡検査で水晶体を精査する。診断時には、核硬化症（図4-19）と硝子体混濁を鑑別しておく必要がある。
- 治療：
  - 内科的治療：白内障化した水晶体を再度透明化させる治療薬は存在しない。したがって、内科療法は水晶体タンパク質の漏出に起因する前部ぶどう膜炎への対応が主な目的となる。また、高齢の白内障ではキノイド学説を根拠とした白内障進行予防薬が認可されているが、その効果は限定的である。
  - 外科治療：白内障眼の視覚を回復させるためには、網膜機能に異常がないことを確認した後、外科的に混濁した水晶体を摘除する必要がある。術式は、大きく分けて囊外摘出術（extracapsular cataract〈lens〉extraction）と囊内摘出術（intracapsular cataract〈lens〉extraction）とに分けられる。現在、主流となっている超音波水晶体乳化吸引術（phacoemulsification and aspiration）は囊外摘出術の一種である。

超音波水晶体乳化吸引術の概略を以下に示す。11-1時方向の輪部に3 mm程度の切開を加え、房水漏出による眼球虚脱を防ぐため、ヒアルロン酸などの粘弾性物質を前房内に注入する。水晶体前囊を切開し、超音波水晶体乳化吸引装置により混濁した水晶体を乳化・吸引する。残った水晶体囊内に眼内レンズ（人工水晶体）を移植し、切開部位を縫合して手術を終了する。術後は1カ月程度、エリザベスカラーを装着し、点眼と内服による抗炎症療法を行う。

白内障手術の合併症として、術後眼内炎、角膜内皮障害（角膜混濁）、緑内障、網膜剥離、後発白内障などがあげられる。

白内障を放置すると、白内障化した水晶体から水溶性の変性タンパク質が溶出し、水晶体起因性（水晶体原性）ぶどう膜炎（lens-induced uveitis, LIU）が惹起される。場合によっては、続発性緑内障を併発することもある。最終的には眼球

が萎縮する。

2. 核硬化症

- 定義：一般的に中齢以降の動物で、細隙灯顕微鏡検査により水晶体の核が明瞭に観察できる状態を水晶体の核硬化症（nuclear sclerosis）という（図4-19）。これは加齢性の変化であり、白内障とは明確に区別しなければならない。
- 原因・病態：加齢により新たに産生された水晶体線維が胎生期から存在する水晶体核を圧迫することによって生じる。
- 臨床症状：中齢以上の犬で、眼が白いようだという主訴で来院することが多い。しかし、加齢性変化であるため、臨床症状は伴わない。
- 診断：細隙灯顕微鏡検査により水晶体の核が明瞭に観察できる。白内障との鑑別が必要である。
- 治療：加齢性変化であるためで、特に治療は行わない。

図 4-19
核硬化症
硬化した核の辺縁が水晶体の中で浮き上がったようにみえている。（写真提供：大阪公立大学 長谷川貴史先生）

図 4-20
水晶体脱臼
脱臼した水晶体の赤道部が観察されるとともに、その上部に無水晶体半月が認められる。（写真提供：大阪公立大学 長谷川貴史先生）

3. 水晶体脱臼

- 定義：水晶体が本来位置する部位から逸脱した状態を水晶体脱臼（lens luxation）という（図4-20）。
- 原因・病態：テリア種に好発することから、遺伝性の素因があると考えられている。また、外傷、腫瘍、緑内障などに起因する眼球拡張によっても水晶体が脱臼する。
- 臨床症状：水晶体の一部分が脱臼している状態を水晶体亜脱臼（lens subluxation）と呼び、水晶体の赤道部に沿ってみられる三日月状の部分を無水晶体半月という。水晶体が完全に定位置から外れ、前方に脱臼した状態を前方脱臼、硝子体内に落下したものを後方脱臼と呼ぶ。
- 診断：細隙灯顕微鏡検査により水晶体の脱臼を確認する。炎症が著しく眼内が

みえない場合は超音波検査も活用する。
- 治療：前方脱臼では、散瞳させて水晶体が後方に脱臼するように促すか水晶体嚢内摘出術で脱臼した水晶体を摘出する。後方脱臼では、疼痛を伴うことが少ないこと、水晶体のみを摘出することが難しいことから、経過観察とされることが多い。
- 予後：緑内障などの合併症がない場合、脱臼した水晶体摘出後の予後は良好である。

4-5 硝子体の疾患

> **到達目標** 硝子体の各種疾患の原因、病態、臨床症状、診断法および治療法を説明できる。
>
> **キーワード** 硝子体動脈遺残、第一次硝子体過形成遺残／水晶体血管膜過形成遺残、星状硝子体症、硝子体出血

1. 硝子体動脈遺残

- 定義：本来退行すべき硝子体動脈の一部が出生後も硝子体内に残存したもので、なかでも後述の第一次硝子体過形成遺残より軽度な状態を硝子体動脈遺残（persistent hyaloid artery）という。
- 原因・病態：遺伝性の可能性が示唆されている。
- 臨床症状
  - ミッテンドルフ斑：水晶体後嚢側のY字縫合腹側部分から、白く不透明な硝子体動脈の一部が付着している状態をいう。
  - ベルグマイスター乳頭：視神経乳頭に白く不透明な硝子体動脈の一部が付着している状態をいう。
- 診断：細隙灯顕微鏡で水晶体後嚢から硝子体内を精査する。ベルグマイスター乳頭は眼底検査により明らかとなる。
- 治療：無治療とする。
- 予防：本疾患をもつ動物を用いて繁殖しないように指導する。

2. 第一次硝子体過形成遺残／水晶体血管膜過形成遺残

- 定義：胎生期の第一次硝子体動脈が退行せずに遺残している状態を第一次硝子体過形成遺残（persistent hyperplastic primary vitreous, PHPV）／水晶体血管膜過形成遺残（persistent hyperplastic tunica vasculosa lentis, PHTVL）という。
- 原因・病態：遺伝性の可能性が示唆されている。
- 臨床症状：両眼性または片眼性に観察される。軽度の場合は検査時に偶然発見される程度であるが、重度の場合は視覚に障害が生じる。
- 診断：散瞳後、細隙灯顕微鏡で水晶体後嚢から硝子体を精査する。水晶体後嚢には遺残した血管網を確認することができる。水晶体後嚢側の水晶体線維が増

殖していることもある。また、水晶体後嚢に色素沈着がみられることもある。硝子体には遺残した硝子体動脈が確認できる。
- 治療：視覚に異常がなければ、無治療とする。視覚に異常がある場合には水晶体後嚢切除を行うが、通常の白内障手術と比較して難易度が高い。
- 予防：本疾患に罹患した動物を用いて繁殖しないように指導する。

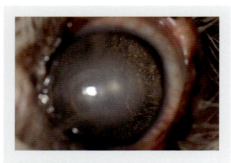

図 4-21　星状硝子体症

3. 硝子体液化

- 定義：硝子体が変性することにより、それが液化した状態のことを硝子体液化（vitreous liquefaction）、もしくは硝子体シネレシス（syneresis）という。
- 原因・病態：加齢や炎症などにより、硝子体中のヒアルロン酸保水能力が低下して液体が硝子体腔に出てくるとともに硝子体の膠原線維の間に液化腔が形成される結果、硝子体が液化する（液化硝子体となる）。
- 臨床症状：硝子体混濁を伴う場合、飛蚊症によるフライバイト（fly bite）の臨床症状を示すことがある。変性した硝子体内で泡沫状の物質が硝子体の動きに伴って動いている様子を観察することができることもある。加齢性に変性した硝子体線維にカルシウムが沈着すると、黄白色に輝く球状物が硝子体内に出現するが、このような状態を星状硝子体症（asteroid hyalosis）という（図 4-21）。また、まれではあるが、ぶどう膜炎に続発する閃輝性硝子体融解（synchysis scintillans）はコレステロールが主体となって起こる星状硝子体症と同様の所見を呈する現象である。しかし、閃輝性硝子体融解では、安静時にコレステロールは沈下する。また、過熟白内障ではほとんどすべての場合で硝子体が液化していると考えられている。そのため、過熟白内障例では、術後の裂孔原性網膜剥離に硝子体液化が関連しているであろうと推測されている。
- 診断：空虚な硝子体内に不溶性硝子体が浮き、眼球運動に伴いそれが動くことを細隙灯顕微鏡検査で確認する。
- 治療：有効な治療法はない。

4. 硝子体出血

- 定義：硝子体内に血液が出現した状態のことを硝子体出血（vitreous hemorrhage）という。

- 原因・病態：脈絡膜炎、網膜炎、高血圧、血液凝固障害、外傷、コリー眼異常などでみられる。
- 臨床症状：硝子体内出血により、瞳孔が赤くみえる。出血が硝子体内に限局している場合には、前房は透明である。硝子体内出血は炎症が治まっても直ちには消えず、数カ月間残存する。
- 診断：細隙灯顕微鏡検査で出血が水晶体後方に存在することを確認する。
- 治療：ステロイド剤を中心とした抗炎症療法、および止血剤の投与が行われる。原因疾患が明らかな場合はその原因を治療する。しかし、硝子体出血は重篤な眼球炎に起因することが多いため、治療に対する反応がよくない場合には最終的に眼球癆となることがある。

4-6 網膜と脈絡膜の疾患

> **到達目標** 網膜と脈絡膜の各種疾患（コリー眼異常、網膜変性〈症〉、網膜剥離）の原因、病態、臨床症状、診断法および治療法を説明できる。
>
> **キーワード** コリー眼異常、網膜変性（症）、網膜剥離、網膜出血、乳頭浮腫・乳頭炎

1. コリー眼異常

- 定義：コリー眼異常（Collie eye anomaly, CEA）とは、脈絡膜と強膜の発育異常による小眼球症を主徴とする遺伝性疾患である。コリー眼奇形ともいう。
- 原因・病態：コリー、ボーダー・コリー、シェットランド・シープドッグ、オーストラリアン・シェパード・ドッグ、北海道犬などで認められ、常染色体劣性遺伝とされている。
- 臨床症状：眼球の発育障害の程度により、5段階にグレード分けされている。グレードⅠは、眼底検査により網膜血管の蛇行のみが認められる状態のことをいう。グレードⅡは、視神経乳頭周囲に脈絡膜の形成不全（コロボーマ）が存在し、同部に脈絡膜の血管と強膜をみることができる状態のことをいう。成長とともにコロボーマ部の薄いピンク色にみえていた部分は、網膜色素上皮細胞により覆われて目立たなくなる。グレードⅢは、コロボーマが大きく、時にそれが多数存在する状態のことをいう。コロボーマが視神経乳頭に及ぶものでは失明する。グレードⅣでは、網膜剥離を伴う。グレードⅤは、硝子体内に網膜からの出血がある状態のことをいう。
- 診断：コロボーマ部が網膜色素上皮で隠れてしまう可能性があることから、生後7～8週齢での眼底検査が推奨されている。遺伝子検査では、検査時の年齢はその結果に影響しない。
- 治療：治療法はなく、計画的繁殖により、その発症を予防する（本症の遺伝因子をもつ動物は繁殖に供しない）。

2. 網膜変性症／進行性網膜萎縮症

網膜疾患のうち、視細胞に退行性変性が生じて視覚を喪失する疾患を総称して網膜変性症（retinal degeneration）と呼ぶ。その一つに、犬で多く認められる遺伝性

疾患の進行性網膜萎縮症（progressive retinal atrophy, PRA）がある（図 4-22）。

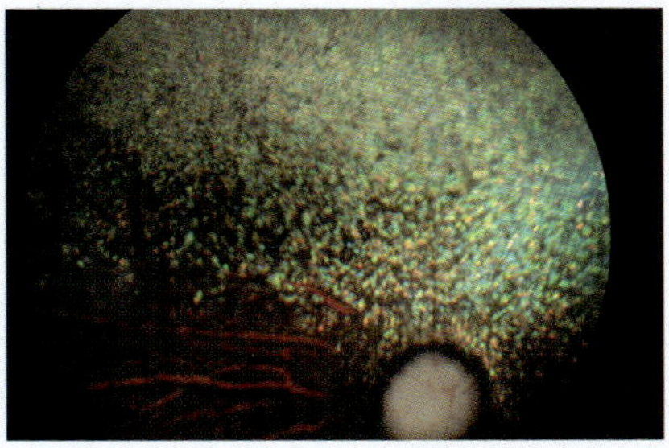

- 定義：非炎症性の遺伝性網膜変性症を遺伝性網膜変性症という。組織学的所見として、網膜の萎縮が認められることが特徴である。しかし、これらはさまざまな病態の終末像であり、原因の異なる疾患を数多く含んだ総称的な疾患名である。

図 4-22
進行性網膜萎縮症（PRA）の眼底

- 原因・病態：犬種特異的な遺伝性疾患である。視細胞である杆体にまず機能異常が起こる型と、錐体にまず機能異常が起こる型がある。

- 臨床症状：臨床的には、ロングヘアード・ダックスフンドの錐体-杆体変性（cone-rod degeneration 1）のように4〜6カ月齢で失明する早期発症型とラブラドール・レトリーバーの進行性杆体-錐体変性（progressive rod-cone degeneration）のように3歳以上で発症する遅発発症型に分けることができる。

- 診断：眼底検査で、タペタム領域の反射亢進、網膜血管の狭細化、視神経乳頭の蒼白化などを確認することで診断する。さらに、網膜電図（ERG）検査で網膜の電気生理学的機能も併せて評価する。ERG検査では、眼底病変が確認できるようになる前に杆体と錐体の障害を検出することが可能である。また、遺伝子検査が可能な犬種では、遺伝子異常をもっているのか否かをそれで診断して繁殖計画を組むことも可能である。しかし、現在のところ、遺伝子変異とその浸透度については不明な点が多く、臨床的に遺伝子検査が確定診断に用いられることはない。

　鑑別疾患として、網膜剥離、突発性後天性網膜変性症、視神経炎、大脳視覚野の障害などがあげられる。

- 治療：遺伝子治療や再生医療などが実験的に試みられているが、有効な治療法は存在しない。遺伝性疾患であるため、計画的な繁殖を行うことが重要である。

3. 網膜剥離

- 定義：網膜がその下に存在する脈絡膜から分離した状態のことを網膜剥離（retinal detachment）という。組織学的には、視細胞と網膜色素上皮細胞の間で分離する（図 4-23）。

- 原因・病態：コリー眼異常などの先天性網膜異形成、網膜下の滲出液貯溜、高血圧、血栓症などによる出血、FIPなどのウイルス感染による漿液性網膜剥離、ぶどう膜炎後のフィブリン膜による牽引性網膜剥離、硝子体変性などによる裂

孔原性網膜剥離などが原因としてあげられる。
- 臨床症状：急性の失明を主訴に来院した場合には、両眼性の完全網膜剥離であることが多い。また、瞳孔は散瞳しており、瞳孔対光反射（PLR）を欠く。水晶体の後嚢側にシート状の剥離網膜が肉眼で確認できることもある。網膜の部分剥離では、臨床症状を示すことはなく、眼底検査で偶然発見されることが多い。このような場合、通常、瞳孔は散瞳傾向にある。

図 4-23　網膜剥離

- 診断：眼底検査で網膜の隆起に伴う網膜血管の走行異常を確認する。出血などで眼底が確認できない場合は超音波検査で網膜剥離を確認することも可能である。
- 治療：高血圧症など全身性の原因疾患がある場合にはその治療を行う。消炎剤としてステロイド剤を全身投与する。外科処置を行うこともある。小さな裂孔原性網膜剥離であれば、レーザー照射により進行を止められる場合がある。また、進行した網膜剥離に対して硝子体手術（網膜復位術）を適用し、視覚を温存することも不可能ではない。

4. 網膜出血

- 定義：網膜に炎症が生じて出血している状態を網膜出血（retinal hemorrhage）という（図 4-24）。
- 原因・病態：通常、網膜だけでなく脈絡膜にも炎症が存在する。原因として、犬ではジステンパー、パルボウイルス感染症、ブルセラ症などの、猫では猫汎白血球減少症、FIP、猫白血病ウイルス感染症、猫免疫不全ウイルス感染症などの、牛では牛ウイルス性下痢病、悪性カタル熱などの感染性疾患があげられる。その他に、抗酸菌、クリプトコッカス、トキソカラなどの感染症もあげられる。外傷、高血圧症、腎不全、甲状腺機能亢進症、出血を引き起こす全身性疾患、腫瘍なども原因となりうる。
- 臨床症状：眼底検査で網膜の出血が観察できる。出血がキールボート（竜骨船）状に認められる場合は網膜前出血を、点状あるいは神経線維層内の出血がブラシで刷いたようにみえる場合は網膜内出血を、血液が網膜を隆起させている場合は網膜下出血を示唆している。出血が重度になると網膜剥離を引き起こす。また、出血した部位は網膜血管周囲に白鞘形成（cuffing）が生じ、後に動脈硬化となる。

- 診断：眼底検査で網膜血管の出血所見を観察するとともに、血圧測定や血液検査（完全血球計算、血液化学検査、凝固系）を行い、網膜出血の原因を特定する。
- 治療：治療は、原因疾患があればそれを特定して処置することである。対症療法は、免疫抑制療法が主体となる。網膜出血の原因が局所の感染や腫瘍の時には、眼球摘出術が適用される。

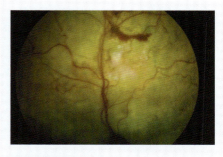

図 4-24　網膜出血

- 予後：免疫抑制療法が奏功して炎症が治まった場合の予後はよいが、一般的には再発を繰り返すことが多い。また、出血した網膜は2～3カ月後には萎縮してしまう。タペタム領域でこのような現象が起こると同部の反射性が亢進する。

5. 突発性後天性網膜変性症

- 定義：原因はいまだ解明されていないが、突然失明状態に陥るため突発性後天性網膜変性症（sudden acquired retinal degeneration, SARD）、もしくは突発性後天性網膜変性症候群（SARD syndrome, SARDS）といわれている。代謝性毒素性網膜症とも呼ばれる。
- 原因・病態：中毒性や免疫介在性の関与が疑われているが、原因不明で、急性に失明する。組織学的には、杆体および錐体の視細胞外節の核がアポトーシスを起こしている。
- 臨床症状：中齢の犬が、1日～数日で不可逆性の完全失明状態に陥る。瞳孔は散大している。その他、多飲多尿や体重増加がみられることも多い。クッシング症候群を発症することもある。
- 診断：除外診断により診断する。鑑別診断として、網膜剥離、緑内障、視神経炎などがあげられる。眼底検査で網膜剥離と視神経炎をまず除外する。一般的に、失明初期に眼底検査を行っても、SARDでは形態学的異常はみられない。そのため、網膜機能を電気生理学的に評価するため、ERG検査を行う。SARDであれば、ERGの波形は消失している。
- 治療：視覚を回復させる効果的な治療法は存在しない。クッシング症候群の発症に注意を払いながら、経過観察する。

6. 視神経浮腫／視神経乳頭浮腫

- 定義：視神経に生じた炎症のうち、特に浮腫が強いものを視神経浮腫／視神経乳頭浮腫（papilledema/optic disc edema）という（図 4-25）。

- 原因・病態：原因として、ジステンパー、クリプトコッカス、馬のボルナ病、豚コレラなどの全身性感染症、蜂窩織炎や球後膿瘍などの局所感染症、メチルアルコール、鉛、ヒ素、タリウム、キニーネ、シダ類（牛）などの摂取による中毒性疾患、牛のビタミンA欠乏症初期、脳腫瘍や水頭症などの脳脊髄液圧の上昇、肉芽腫性髄膜脳炎（granulomatous meningoencephalitis, GME）などがあげられる。

図 4-25
視神経炎に起因する犬の視神経乳頭浮腫

- 臨床症状：片眼性または両眼性に失明している。片眼性の場合、飼い主が瞳孔不同に気づくことで発見されることもある。
- 診断：眼底検査により視神経乳頭を観察して、診断する。視神経乳頭の充血と腫脹ならびに生理学的陥凹の消失、視神経周囲網膜の浮腫、網膜血管のうっ血、視神経乳頭上の出血などを確認する。鑑別診断として、有髄化の多い偽乳頭浮腫、馬の増殖性視神経症などがあげられる。
- 治療：原発性疾患を治療する。原因疾患が不明で感染が除外できた場合には、対症療法としてステロイド剤を投与することが多い。

自習項目

1. 角膜炎、角膜潰瘍、角膜分離症（猫）、角膜ジストロフィー、上強膜炎・強膜炎、角強膜腫瘍の詳細を学習する。
2. ここで取り扱った以外の角強膜疾患（角強膜の先天性疾患、細菌性/真菌性角膜炎、角膜の変色/浮腫、角膜異物、角強膜の損傷・裂傷など）を学習する。
3. 緑内障の診断法、眼圧測定の意義、治療法について詳細を学習する。
4. ぶどう膜炎の診断法、原因、治療法について詳細を学習する。
5. 水晶体疾患、特に核硬化症と白内障の違いについて理解する。
6. 眼底の先天的および後天的異常について詳細を学習する。

【参考図書】

1. Barnett, K. C., Sansom, J. and Heinrich, C.（2002）：Canine Ophthalmology. An Atlas & Text, W. B. Saunders, London.
2. Barnett, K. C. and Crispin, S. M.（2002）：Feline Ophthalmology. An Atlas & Text, Saunders, Edinburgh.
3. Gelatt, K. N. and Gelatt, J. P.（2006）：小動物の眼科外科（Small Animal Ophthalmic Surgery, Butterworth-Heinemann），工藤荘六監訳，インターズー，東京．
4. Gelatt, K. N.（2007）：Veterinary Ophthalmology 4th ed., Blackwell Publishing, Iowa.
5. 工藤荘六（2005）：眼の治療マニュアル．点眼薬による治療法，千寿製薬，大阪．
6. Maggs, D. J., Miller, P. E. and Ofri, R.（2008）：Slatter's Fundamentals of Veterinary Ophthalmology, 4th ed., Saunders Elsevier, St. Louis.
7. Martin, C. L.（2010）：Ophthalmic Diseases in Veterinary Medicine, Manson Publishing, London.
8. Severin, G. A.（2003）：セベリンの獣医眼科学 基礎から臨床まで 第3版（Severin's Veterinary Ophthalmology Notes, 3rd ed., Veterinary Ophthalmology Notes），小谷忠生・工藤荘六監訳，インターズー，東京．
9. Slatter, D.（2000）：第10編 眼および付属器．スラッター小動物の外科手術（Textbook of Small Animal Surgery 2nd ed., WB Saunders），高橋 貢・佐々木伸雄監訳，文永堂出版，東京．
10. Slatter, D.（2001）：Fundamentals of Veterinary Ophthalmology 3rd ed., Saunders, Philadelphia.
11. Slatter, D.（2003）：Section 10. Textbook of Small Animal Surgery 3rd ed., WB Saunders, Philadelphia.
12. Stades, F. C., Wyman, M., Boevé, M. H. and Neumann, W.（2000）：獣医眼科診断学（Ophthalmology for the Veterinary Practitioner, Schlütersche），安部勝裕監訳，チクサン出版，東京．
13. Wilkie, D. A.（2009）：眼科学．サウンダース小動物臨床マニュアル 第3版（Saunders Manual of Small Animal Practice, Saunders Elsevier），長谷川篤彦監訳，文永堂出版，東京．

第 4 章　演習問題

問 1　角膜潰瘍に関する記述として適当なものを選べ。
(1) デスメ膜はフルオレセイン染色液に染色される。
(2) 真菌性角膜炎では角膜潰瘍は起こらない。
(3) 猫の角膜潰瘍には格子状角膜切開術を適用すべきである。
(4) 猫において潰瘍化した壊死領域が角膜中央部に形成され、そこに黒色色素が沈着した斑を形成する疾患を角膜分離症と呼ぶ。
(5) 抗菌剤の点眼で細菌感染を制御している場合、角膜実質の自律的融解は起こらない。

問 2　緑内障の治療薬として適切でないものを選べ。
(1) β 遮断薬
(2) プロスタグランジン関連薬
(3) 炭酸脱水酵素阻害薬
(4) α_2 作動薬
(5) シクロスポリン

問 3　ぶどう膜炎の症状として不適切なものを選べ。
(1) 縮瞳
(2) 散瞳
(3) 前房フレア
(4) 前房蓄膿
(5) 前房出血

問 4　白内障の原因として不適切なものを選べ。
(1) 放射線照射
(2) 低カルシウム血症
(3) 糖尿病
(4) 加齢
(5) 子宮蓄膿症

問5 核硬化症の記述として間違っているものを選べ。

(1) 加齢性の変化であるため、病気ではない。
(2) 胎生期からある水晶体核の圧迫による。
(3) 細隙灯顕微鏡検査により水晶体核が明瞭に観察できる。
(4) 白内障との鑑別が重要である。
(5) 発症しても点眼により、元通りに治すことができる。

解答および解説

問1　正解　(4)

解説：(1) デスメ膜はフルオレセイン染色液に染色されない。(2) 真菌性角膜炎も含め、感染性の角膜炎では角膜潰瘍が形成される。(3) 角膜分離症が誘発されるため、猫の角膜潰瘍に格子状角膜切開術を適用してはならない。(4) この記述は正しい。(5) コラゲナーゼやプロテアーゼなどのタンパク融解酵素は細菌、炎症細胞、角膜組織から放出されるため、感染のみを制御しても角膜実質の融解が自律的に進行することがある。

問2　正解　(5)

解説：シクロスポリンは乾性角結膜炎の治療薬である。したがって、正解は (5) である。

問3　正解　(2)

解説：ぶどう膜炎では、虹彩括約筋の収縮により縮瞳状態となり、血管から血漿成分が前房内に漏出する。次いで、前房フレアや前房蓄膿が、そして最終的に出血がみられるようになる。したがって、正解は (2) である。

問4　正解　(5)

解説：子宮蓄膿症は前部ぶどう膜炎の原因となりえるが、白内障を生じる原因とはならない。したがって、正解は (5) である。

問5　正解　(5)

解説：核硬化症は加齢性の変化で、胎生期からある水晶体核の圧迫により光の屈折状態が変わり、一見白くみえるようになる。しかし、加齢性の変化であり、病気ではない。一度硬化した水晶体核は点眼治療でも元の軟らかい水晶体核に戻すことはできない。したがって、正解は (5) である。

第5章 その他の眼科疾患

著：印牧信行

一般目標

神経眼科疾患、遺伝性ならびに先天性疾患、腫瘍性疾患の原因、病態、臨床症状、診断法および治療法について修得する。

5-1 神経眼科疾患

到達目標　神経眼科疾患（視神経炎、ホルネル症候群、視覚障害）の原因、病態、臨床症状、診断法および治療法を説明できる。

キーワード　視神経炎、ホルネル症候群、視覚障害

1. 視神経炎

視覚機能の低下を引き起こす片側性または両側性の視神経炎症を視神経炎（optic neuritis、図 5-1）という。

- 原因：原因として特発性、全身性の真菌症、犬ジステンパー、猫伝染性腹膜炎、トキソプラズマ、ネオスポラ感染症、肉芽腫性髄膜脳炎（眼型を含む）、鉛中毒、腫瘍などがあげられる。
- 病態：視神経乳頭の腫脹と巣状出血を呈する。
- 臨床症状：突発的な視覚喪失であるが、片側性の場合は見落とされることが多い。
- 診断および治療：眼底検査は必須である。原因を追究

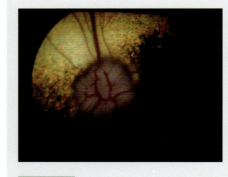

図 5-1
視神経炎
視神経乳頭の浮腫と充血を認めた3歳9カ月齢のチワワ。（写真提供：アセンズ動物病院　藤井裕介先生）

するため、ウイルス、原虫、真菌の血清学的検査のほか、超音波検査、CT検査、MRI検査、脳脊髄液検査、網膜電図検査、視覚誘発電位検査を実施する。特発性視神経炎の治療はコルチコステロイドの全身投与で行う。また、原因となっている基礎疾患の治療も行う。

2. ホルネル症候群

上位交感神経障害によって起こる眼と眼周囲の神経系に影響を及ぼす疾患である。ホルネル症候群（Horner's

図 5-2
ホルネル症候群罹患猫の外観
（写真提供：大阪公立大学　長谷川貴史先生）

syndrome）は、犬、猫、馬および他の多くの動物種で発生する。

- 原因：特発性で、その発症率は犬では50～93％、猫では45％にも及ぶ。視床下部から脊髄に及ぶ中枢神経の障害、脊髄から頭頸部神経節に及ぶ節前神経の障害、頭頸部神経節から眼とその周囲に及ぶ節後神経の障害のいずれかに起因する。中枢神経の障害は、脳幹虚血、脳腫瘍などで起こる。節前神経の障害は胸髄から頸部に至る臓器や組織の疾患、肺炎、リンパ腫などが、節後神経の障害は眼窩や中耳の疾患、感染、損傷などが原因としてあげられる。
- 病態：眼球およびその周囲の組織は、交感神経と副交感神経の自律神経系によって各組織の緊張のバランスが保たれている。ホルネル症候群では交感神経支配が遮断され、結果として、瞳孔が縮瞳し、眼周囲の筋肉の緊張が低下する。そのため、瞬膜（第三眼瞼）の突出が顕著になり、上眼瞼が垂れ下がる。
- 臨床症状：小瞳孔（縮瞳）、垂れ下がった瞼（眼瞼下垂）、瞬膜（第三眼瞼）の突出と眼球陥没（眼球陥入）がみられる（図5-2）。
- 診断および治療：臨床症状で診断する。原因を追究するため、鼓室（頭部）、胸部および脊髄のX線検査、眼窩および頸部の超音波検査、CT検査、MRI検査、脳脊髄液検査、耳の検査、筋電図検査などを実施する。また、薬理学的検査も行う。すなわち、暗所での瞳孔不同と正常な瞳孔の対光反射を確認した上で、10％フェニレフリンの点眼を行う（日本では10％フェニレフリンが入手できないため、5％フェニレフリン点眼液で代用する）。判定は、散瞳した場合を節後性ホルネル症候群とし、散瞳しない場合は節前性ホルネル症候群とする。治療は原因疾患を治療する。

3. 視覚障害

片側性または両側性の視覚が障害された状態を視覚障害（visual impairment、impaired vision）という。

- 原因：眼底疾患による視覚機能障害、中間透光体の疾患による光遮断、視覚中枢経路の障害などが原因で起こる。眼の充血や眼の外観異常で起こる症候性視覚障害と、それがみられない無症候性視覚障害に分類される。
- 病態：視覚障害を伴う眼底疾患、中間透光体の疾患、視覚中枢経路の障害は以下の通りである。
  - 眼底（網膜・視神経・脈絡膜）の疾患：
    原発性：網膜剝離、遺伝性網膜変性症、突発性後天性網膜変性症、脈絡網膜炎と視神経炎、腫瘍（まれ）などがある。
    続発性（二次性）：視神経乳頭の病的陥凹（緑内障による視神経症を含む）、脈絡網膜炎と網膜炎、網膜萎縮、網膜剝離、視神経炎、視神経の外傷、視神経萎縮、腫瘍（まれ）などがある。
  - 中間透光体（角膜・前房・水晶体・硝子体）の疾患：
    角膜：色素性角膜炎、角膜内皮ジストロフィー、肉芽腫性実質性角膜炎などがある。
    前房：前房出血、前房混濁、前房内腫瘤などがある。
    水晶体・硝子体：白内障があげられる。
    硝子体：第一次硝子体過形成遺残／水晶体血管膜過形成遺残、硝子体出血などがある。
    その他：眼球癆があげられる。
  - 中枢性視覚経路の障害：ラサ・アプソの（先天性）脳回欠損、原発性（先天性）水頭症、下垂体腺腫、眼型の肉芽腫性髄膜脳炎（または細網内皮増殖症）、ウイルス性脳炎、髄膜炎、脳の外傷、脳腫瘍、中毒（犬のイベルメクチン中毒、若齢動物の鉛中毒）、チアミン欠乏症（猫）、寄生虫（子虫）の迷入などがある。
- 臨床症状：物にぶつかる、行動が鈍い、動きたがらない、暗がりでの行動が鈍る、などの臨床症状を呈する。
- 診断および治療：簡易的な視覚検査として、瞳孔の対光反射、眩目反射試験、威嚇瞬目反応試験、綿球落下試験を行う。また、障害物試験や視覚性踏み直り反応試験を行う。視覚障害を示す前眼部疾患の診断には視診、細隙灯顕微鏡検査を行う。眼底疾患の診断として、眼底検査、眼の超音波検査、網膜電図検査、視覚誘発電位検査を行う。また、視覚中枢経路の診断として、眼窩の超音波検査、CT検査やMRI検査、脳脊髄液検査などを行う。治療は原因疾患を治療することで行う。

5-2 遺伝性ならびに先天性疾患

到達目標	遺伝性ならびに先天性疾患（眼瞼欠損症、類皮腫）の病態、臨床症状、診断法および治療法を説明できる。
キーワード	眼瞼欠損症、小角膜症、小水晶体・水晶体欠損、類皮腫

1. 遺伝性眼疾患

遺伝性眼疾患は、先天性遺伝性眼疾患と非先天性遺伝性眼疾患に分けられる。

- 原因：先天性遺伝性眼疾患として、原発性緑内障、第一次硝子体過形成遺残、コリー眼異常、先天性遺伝性白内障などがあげられる。また、非先天性遺伝性眼疾患として、遺伝性白内障、原発性水晶体脱臼、進行性網膜萎縮症などがあげられる。
- 好発品種：
  - 原発性緑内障：アメリカン・コッカー・スパニエル、コッカー・スパニエル、イングリッシュ・スプリンガー・スパニエル、ウェルシュ・スプリンガー・スパニエル、シベリアン・ハスキー、スパニッシュ・ウォーター・ドッグ、バセット・ハウンド、柴犬、フラット・コーテッド・レトリーバーなどでみられる。
  - 第一次硝子体過形成遺残：ドーベルマン、スタッフォードシャー・ブル・テリアなどでみられる。
  - 先天性遺伝性白内障：ミニチュア・シュナウザーでみられる。
  - 遺伝性白内障：アイリッシュ・レッド・アンド・ホワイト・セター、アラスカン・マラミュート、オーストラリアン・シェパード・ドッグ、オールド・イングリッシュ・シープドッグ、キャバリア・キング・チャールズ・スパニエル、ゴールデン・レトリーバー、スタッフォードシャー・ブル・テリア、スタンダード・プードル、ジャイアント・シュナウザー、ジャーマン・シェパード・ドッグ、チェサピーク・レトリーバー、ノルウェジアン・エルクハウンド、ベルジアン・シェパード・ドッグ、ボストン・テリア、ミニチュア・シュナウザー、ラージ・ミュンスターレンダー、レオンベルガーなどでみられる。
  - 原発性水晶体脱臼：スムース・フォックス・テリア、シーリハム・テリア、チベタン・テリア、パーソン・ラッセル・テリア、ボーダー・コリー、ミニチュ

ア・ブル・テリア、ランカシャー・ヒーラー、ワイヤー・フォックス・テリアなどでみられる。
- 進行性網膜萎縮症：アイリッシュ・セター、アイリッシュ・ウルフハウンド、アメリカン・コッカー・スパニエル、イングリッシュ・スプリンガー・スパニエル、オーストラリアン・キャトルドッグ、ウェルシュ・コーギー・カーディガン、コッカー・スパニエル、ゴールデン・レトリーバー、サモエド、シベリアン・ハスキー、スルーギ、チェサピーク・レトリーバー、チベタン・テリア、トイ・プードル、ノルウェジアン・エルクハウンド、ミニチュア・シュナウザー、ミニチュア・プードル、マスティフ、ミニチュア・ロングヘアー・ダックスフンド、ラサ・アプソ、ラフ・コリー、ラブラドール・レトリーバーなどでみられる。

- 臨床症状：原発性緑内障は、多くの場合、4〜9歳の中齢犬でみられ、眼圧上昇に起因して散瞳、結膜および上強膜血管のうっ血、眼球拡張、角膜浮腫、視神経乳頭の陥凹および萎縮、視覚障害などが引き起こされる（4-2参照）。第一次硝子体過形成遺残では、水晶体後面に位置する遺残物がどの程度の光を遮断するのかによって視覚障害の度合いが異なる（4-5参照）。コリー眼異常は強膜および脈絡膜の発育異常に伴う小眼球症を主徴とする（4-6参照）。原発性白内障は、眼にかかわる他の異常と関連がない水晶体混濁を示す疾患で、混濁の程度により視覚障害の度合いが異なる（4-4参照）。原発性水晶体脱臼は水晶体の後天的な位置異常を示す疾患で、多くは3〜6歳の犬でみられる。水晶体の後方脱臼では無症候性で、前方脱臼では水晶体が角膜に接触すると眼に疼痛が惹起される（4-4参照）。進行性網膜萎縮症では、網膜視細胞層の障害により視覚が障害される（4-6参照）。

- 診断および治療：いずれの遺伝性眼疾患の診断においても犬種、発症年齢、性別、病歴および臨床症状の把握が必要である。また、家族の病歴も診断上、重要である。原発性緑内障は眼圧測定、細隙灯顕微鏡検査、隅角検査、眼底検査から診断し、房水の産生抑制または排出促進を促す薬物療法、もしくは外科処置で治療する(4-2参照)。コリー眼異常は眼底検査で診断されるが、治療法がない(4-6参照)。原発性白内障は細隙灯顕微鏡検査で水晶体を観察して診断し、外科治療が唯一の治療法となる（4-4参照）。原発性水晶体脱臼は細隙灯顕微鏡検査または超音波検査で診断する。治療は水晶体の摘出であるが、無症候の場合は無治療とする場合がある（4-4参照）。進行性網膜萎縮症は犬種、発症年齢、病歴に加え、瞳孔の対光反射、眩目反射試験、威嚇瞬目反応試験、綿球落下試験、迷路試験などの視覚検査、眼底検査と網膜電図検査で診断されるが、有効な治療法はない（4-6参照）。また、DNA検査が報告されている（表5-1）。DNA検査が可能なほとんどの遺伝性眼疾患は単一遺伝子の突然変異で引き起こされ

表 5-1　DNA検査が可能な遺伝性眼疾患

遺伝性眼疾患	遺伝子突然変異	品種
進行性網膜萎縮症	prcd	アメリカン・コッカー・スパニエル、オーストラリアン・シェパード・ドッグ、コッカー・スパニエル、チェサピーク・レトリーバー、ミニチュア・プードルおよびトイ・プードル、ラブラドール・レトリーバー
	rcd-1	アイリッシュ・セター
	rcd-1a	スルーギ
	rcd-3	ウェルシュ・コーギー・カーディガン
	Dominant	マスティフ
	X-linked	サモエド、シベリアン・ハスキー
	Type A	ミニチュア・シュナウザー
遺伝性白内障	HSF4	ボストン・テリア、スタッフォードシャー・ブル・テリア
コリー眼異常	CEA/CH	ウィペット、オーストラリアン・シェパード・ドッグ、シェットランド・シープドッグ、スムース・コリーおよびラフ・コリー、ボーダー・コリー

る。また、これらの多くは劣性の突然変異を示す。

2. 先天性眼疾患

　眼の先天異常の種類は極めて多く、その臨床症状は多彩である。眼の異常が単独で起こるよりも、全身性の異常または各種症候群の一症状として眼の異常が出現することが多い。主な眼の先天異常として、眼瞼欠損症、小角膜症、小水晶体、水晶体欠損、類皮腫があげられる。

■眼瞼欠損症
- 原因：眼瞼欠損症（eyelid coloboma、図 5-3）の原因は不明である。また、まれな先天異常でもある。
- 病態：眼瞼の無形成または一部の形成不全を呈する。犬ではまれで、両側性の

下眼瞼外側欠損を示すことがある。猫では両側性で、上眼瞼の外側欠損が認められる。

- 臨床症状：露出性角膜症を呈し、角膜血管新生、乾性角結膜炎の症状を示す場合がある。
- 診断および治療：視診で行う。治療は、欠損した眼瞼部分に結膜で裏張りした眼瞼を形成して整復する。

■小角膜症

- 原因：小角膜症（microcornea）の原因は不明である。オーストラリアン・シェパード・ドッグ、ダックスフンド、コリー種、トイ・プードル、オールド・イングリッシュ・シープドッグなどでみられる。
- 病態：先天性の多病巣性疾患として発生し、小眼球症、隅角形成不全、瞳孔膜遺残などが随伴する（図5-4）。
- 臨床症状：通常よりも小さい角膜を呈する（図5-4）。犬では、角膜横径が12 mm以下である。
- 診断および治療：診断は臨床症状により行う。治療法はない。

■小水晶体および水晶体欠損

- 原因：小水晶体（microphakia、図5-5）および水晶体欠損（coloboma of the lens）の原因は不明である。ビーグル、ドーベルマン・ピンシャー、ミニチュア・ダックスフンドなどでみられる。
- 病態：小水晶体は水晶体異常の一つで、水晶体形成が未分化なため、小さな水晶体とその赤道部、ならびに小帯線維を観察することができる。水晶体欠損は非常にまれな先天性疾患で、セント・バーナードでみられる。
- 臨床症状：小水晶体では、小さな球状水晶体が観察されるとともに水晶体の変位を認める。また、弛緩した小帯線維がみられる。水晶体脱臼を呈することもある。水晶体欠損では、小眼球症、前眼部奇形、網膜異形成、ぶどう腫を伴う。

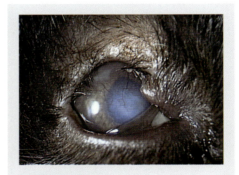

図5-3
眼瞼欠損症
5カ月齢の在来短毛種猫。右眼の上眼瞼が約2/3欠損し、睫毛乱生と慢性表層性角膜炎を認めた。（写真提供：動物眼科センター　太田充治先生）

図5-4
小角膜症
左眼の眼球形成不全に伴う小眼球症と小角膜症を呈する1歳のダックスフンド。なお、右眼の角膜横径は15mm、左眼のそれは12mmであった。（写真提供：大阪公立大学　長谷川貴史先生）

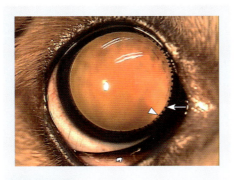

図 5-5
小水晶体
散瞳時に水晶体の赤道部（矢頭）と毛様体突起（矢印）がほぼ全周にわたり観察された1歳4カ月齢のミニチュア・ロングヘアー・ダックスフンド。（写真提供：動物眼科センター　太田充治先生）

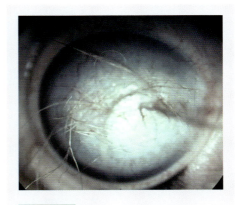

図 5-6
角膜全面に認められた類皮腫
（写真提供：大阪公立大学　長谷川貴史先生）

- 診断および治療：視診および細隙灯顕微鏡検査所見から診断する。続発性水晶体脱臼がある場合には、これを治療する。

■類皮腫
- 原因：類皮腫（dermoid、図 5-6）は出生時に存在するが、臨床的には数週齢までほとんど気づかない。
- 病態：胎生期の結膜形成が不完全なため眼瞼、結膜および角膜を含む角膜縁に皮膚が迷入することで発生する。
- 臨床症状：不自然な瞬きがみられる。結膜に発毛した被毛によって慢性的な角膜刺激がもたらされ、角膜に浮腫、血管新生、色素沈着を引き起こす。
- 診断および治療：臨床症状と視診から診断する。治療は類皮腫を切除することで行う。

5-3 腫瘍性疾患

> **到達目標** 腫瘍性疾患（メラノーマ、扁平上皮癌、リンパ腫）の病態、臨床症状、診断法および治療法を説明できる。
>
> **キーワード** メラノーマ、扁平上皮癌、リンパ腫

1. メラノーマ（黒色腫）

- 原因：犬、猫で最も多く認められる眼の腫瘍はメラノーマ（melanoma、黒色腫）（図 5-7）である。輪部メラノーマ、眼瞼メラノーマ、結膜メラノーマ、ぶどう膜メラノーマがあり、鑑別が必要なものとして虹彩嚢腫があげられる。
- 病態：輪部メラノーマは角膜縁に発生する良性の腫瘍である。眼瞼メラノーマは良性であるが、結膜メラノーマは非常に悪性度が高い。ぶどう膜メラノーマは眼内の原発性腫瘍で、虹彩および毛様体に発生する前部ぶどう膜メラノーマと脈絡膜に発生する後部ぶどう膜メラノーマに分けることができる。動物では前部ぶどう膜メラノーマの発生率が高い。虹彩嚢腫は虹彩後部から発生し、メラニン色素を有する単層の上皮が房水を内部に抱えて球状嚢胞を形成している。
- 臨床症状：輪部メラノーマは角膜縁に発生し、徐々に腫大して前房隅角に浸潤する。そのため、重度の症例では続発的に緑内障を発症する。眼瞼メラノーマは眼瞼縁付近に発生した黒色腫瘤として認められる。結膜メラノーマは結膜に発生した黒色腫瘤で、他のメラノーマと異なり悪性度が高い。ぶどう膜メラノーマは虹彩および毛様体にみられることが多く、猫では全身性に転移する確率が高い。虹彩嚢腫は黒色または黒褐色の前房内球状浮遊物として認められる。

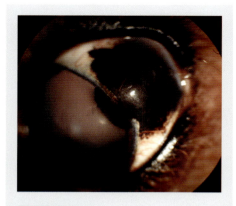

図 5-7
毛様体から発生したメラノーマが強膜にまで浸潤して、強膜が黒く隆起している
（写真提供：大阪公立大学　長谷川貴史先生）

- 診断および治療：外貌検査や細隙灯顕微鏡検査で診断する。隅角鏡検査、眼の超音波検査、胸部の単純X線検査が必要になることもある。また、付属リンパ節の生検を行う場合がある。腫瘍の切除手術もしくは眼球摘出術で治療する。

図 5-8
扁平上皮癌
16歳、雄猫にみられた扁平上皮癌。

2. 扁平上皮癌

扁平上皮癌（squamous cell carcinoma）は、馬の眼周囲によく発生する腫瘍である。

- 原因：日光の曝露や高高度に生息する馬でよくみられる。アパルーサ、色の希薄な品種、ベルギー輓馬や他の輓馬でみられる。また、まれに猫でもみられる（図5-8）。
- 病態：放置すれば腫瘍はすぐに副鼻腔、骨、脳など他の部分に転移する。
- 臨床症状：腫瘍は桃色または赤色の病巣としてみられる。眼瞼、瞬膜（第三眼瞼）、角膜、眼球自体から発生し、眼の周囲組織にも浸潤する。早期の扁平上皮癌では、発赤、粗面または潰瘍を伴う病変が認められる。流涙症が観察されることもある。
- 診断および治療：外貌検査と病変部の生検で診断する。扁平上皮癌の治療と予後は位置、大きさ、腫瘍の程度によって異なる。治療は、外科的切除、凍結手術や温熱療法、放射線照射、レーザー手術、免疫療法、化学療法を単独もしくは組み合わせて行う。

3. リンパ腫

リンパ腫（lymphoma、図5-9）は、犬、猫で発生する悪性腫瘍である。リンパ肉腫（lymphosarcoma）とも呼ばれる。
- 原因：リンパ腫は、悪性の腫瘍性リンパ球が増殖した疾患である。
- 病態：
  ○ 犬：犬のリンパ腫の多くは遺伝性であると考えられているが、環境要因も関与する。一般的な罹患犬種は、ボクサー、バセット・ハウンド、ジャーマン・シェパード・ドッグ、プードル、セント・バーナード、ビーグル、ゴールデン・レトリーバーなどである。
  ○ 猫：猫の原因は、猫白血病ウイルス感染であることが多い。また、猫免疫不全ウイルス感染もその発症要因であると考えられている。

- 臨床症状：犬のリンパ腫の1/3以上で眼病変が認められ、網膜剥離、眼内出血、緑内障、ぶどう膜炎、失明などの異常を呈する。猫ではぶどう膜炎がよく認められる。
- 診断および治療：犬では、罹患リンパ節および臓器の生検で診断する。また、X線検査、超音波検査、血液検査、および骨髄生検も実施する。猫では、猫白血病ウイルス感染症と猫免疫不全ウイルス感染症の検査を行う以外は犬と同様である。治療は対症療法と化学療法を行う。化学治療は、シクロホスファミド、ビンクリスチン、プレドニゾン、L-アスパラギナーゼ、およびドキソルビシンなどを組み合わせて実施する。

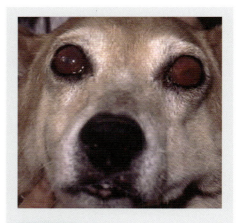

図 5-9
腫瘍性リンパ球がぶどう膜に浸潤・増殖した症例の外観
眼球は腫脹し、出血したような赤い外観を呈している。本症例では、全身のリンパ節も腫脹していた。（写真提供：大阪公立大学　長谷川貴史先生）

自習項目

1. 犬多発性網膜症、猫白血病ウイルス感染症、猫免疫不全ウイルス感染症、乾性角結膜炎、眼内出血、コリー眼異常、水晶体脱臼、先天性定常夜盲症、第一次硝子体過形成遺残、白内障、進行性網膜萎縮症、ぶどう膜炎、網膜異形成、網膜色素上皮ジストロフィー（中心性進行性網膜萎縮）、網膜剥離、緑内障の詳細を学習する。

【参考図書】

1. Criapin, S. (2008): Hereditary Eye Disease and the BVA/KC/ISDS Eye Scheme: An Update, *ophtalmic. In Pract.*, 30:2-14.
2. Gelett, K. N., Gilger, B. C. and Kern, T. J. (2013): Veterinary Ophthalmology, 5th ed, pp.18-33, pp.449-452, pp.491-514, pp.983-985, pp.1199-1200, p.1376, pp.1851-1852. John Wiley & Sons, Inc., Oxford.
3. 印牧信行 (2009): 実践獣医眼科臨床, pp.256-268, アニマルメディア社
4. 印牧信行, 長谷川貴史 (2012): 眼科疾患, 獣医内科学小動物編　改訂版, pp.513-544, 文永堂出版, 東京.
5. Miller, P., Tiller, L. and Smith, F. W. K. Jr. (2008): 小動物のための5分間コンサルト・ハンドブック[眼科学]、-犬と猫の診断・治療ガイド-, pp.85-91, pp.172-182,（The 5-minute Veterinary Consult: Canine and Feline Specialty Handbook-Ophthalmology, Lippincott Williams & Wilkins）, 長谷川篤彦監修, インターズー, 東京.
6. Peter-Jones, S. and Crispin, S. (2002): BSAVA Manual of Small Animal Ophthalmology, 2nd ed., pp.268-270, BSAVA, Barcelona.
7. Vail, D. M. (2009): リンパ系の腫瘍. サウンダーズ小動物マニュアル, pp.288-295. 第3版（Saunders Manual of Small Animal Practice, Saunders Elsevier）, 長谷川篤彦監修, 文永堂出版, 東京.

第5章 演習問題

問1 ホルネル症候群について、正しいものはどれか。
(1) 縮瞳がみられ、瞬膜が突出するとともに下眼瞼が下垂して眼瞼外反を示す。
(2) 眼球が突出し、散瞳と瞬膜が突出する。
(3) 縮瞳と眼瞼下垂がみられ、眼球陥没に伴って瞬膜が突出する。
(4) 眼球が突出し、縮瞳と瞬膜が突出する。
(5) 眼球陥没に伴って瞬膜が突出し、瞳孔は散瞳する。

問2 眼瞼欠損症の症状について、正しいものはどれか。
(1) 流涙症を示す。
(2) 猫では両側性で、上眼瞼の外側が欠損する。
(3) 猫では両側性で、下眼瞼の外側が欠損する。
(4) 眼瞼欠損に伴って眼球突出がみられる。
(5) 眼瞼欠損に伴って瞬膜が突出する。

問3 眼の腫瘍について、正しいものはどれか。
(1) 虹彩嚢腫は、水晶体に固着した球状の黒色腫瘤として認められる。
(2) 犬や猫によくみられるぶどう膜メラノーマは、脈絡膜から発生する原発性の黒色腫である。
(3) 輪部メラノーマは強膜に発生する悪性度の高い黒色腫である。
(4) 眼の扁平上皮癌は、馬で発生しやすい。
(5) 眼に発生するリンパ腫は、眼内腫瘤を形成する。

問4 視神経炎の原因について正しいものはどれか。
(1) 犬ジステンパー、猫伝染性腹膜炎、トキソプラズマ、ネオスポラ感染症、眼型肉芽腫性髄膜脳炎でみられる。
(2) 犬ジステンパー、ヘルペスウイルス感染症、トキソプラズマ、猫カリシウイルス感染症、眼型肉芽腫性髄膜脳炎でみられる。
(3) 犬伝染性肝炎、猫伝染性腹膜炎、ネオスポラ感染症、緑内障でみられる。
(4) 犬ジステンパー、ヘルペスウイルス感染症、トキソプラズマ、ネオスポラ感染症でみられる。
(5) 伝染性肝炎、猫伝染性腹膜炎、トキソプラズマ、ネオスポラ感染症でみられる。

問 5 視覚障害の原因について正しいものはどれか。

(1) 緑内障、突発性後天性網膜変性症、ホルネル症候群、白内障でみられる。
(2) 緑内障、視神経炎、チェリーアイ、眼型肉芽腫性髄膜脳炎でみられる。
(3) 突発性後天性網膜変性症、視神経炎、白内障、上強膜炎でみられる。
(4) 突発性後天性網膜変性症、前房出血、白内障、眼型肉芽腫性髄膜脳炎でみられる。
(5) 視神経炎、前房出血、虹彩嚢腫、顔面神経麻痺でみられる。

解答および解説

問1　正解　(3)

解説：ホルネル症候群では瞳孔が縮瞳し、眼周囲の筋肉の緊張が低下する。その臨床症状は、小瞳孔（縮瞳）、眼球陥没（眼球陥入）とそれに伴う瞬膜（第三眼瞼）の突出、上眼瞼が垂れ下がる眼瞼下垂である。(1) では下眼瞼の下垂とそれに伴う眼瞼外反、(2) では眼球突出と散瞳、(4) では眼球突出、(5) では散瞳が示され、これらはホルネル症候群ではみられない所見である。

問2　正解　(2)

解説：眼瞼欠損に伴って示される臨床症状は露出性角膜症である。そのため、角膜の血管新生や乾性角結膜炎が誘発される。眼球全体に及ぶ臨床症状はみられず、また、眼瞼以外の付属器は影響されない。猫の眼瞼欠損症は犬のそれよりも発生頻度が高く、上眼瞼の外側欠損がよくみられる。

問3　正解　(4)

解説：眼の腫瘍の発生頻度は、動物種によって差がある。その典型例が馬の扁平上皮癌である。眼の腫瘍のうち、メラノーマはよく認められ、発生部位によって良性と悪性の違いがみられる。また、虹彩嚢腫は前房内浮遊物として認められる眼特有の病変である。眼内にはリンパ装置が存在しないため、リンパ腫はぶどう膜炎を惹起する。

問4　正解　(1)

解説：視神経炎は、中毒、隣接組織の炎症および腫瘍に起因するものを除き、多くの場合、感染症から発生する。視神経炎を引き起こす感染症として、犬ジステンパー、猫伝染性腹膜炎、トキソプラズマ、ネオスポラ感染症などがあげられる。また、これらの感染症では脈絡網膜炎を併発することが多い。加えて、視神経炎は隣接組織の炎症が波及して起こる場合もあり、その代表例が眼型肉芽腫性髄膜脳炎である。これに対して、ヘルペスウイルス感染症は結膜炎および樹枝状角膜潰瘍を、猫カリシウイルス感染症は結膜炎を、犬伝染性肝炎は回復期に角膜混濁（ブルーアイ）を引き起こす。緑内障では、網膜および強膜篩板が眼圧上昇に伴って圧迫され、視神経細胞軸索が変性する（視神経症）。その結果、視覚障害がもたらされる。

問5　正解　(4)

解説：視覚障害の原因は3つのカテゴリーに分けられる。第1のカテゴリーは中間透光体の光遮断で、前房出血および白内障が該当する。第2のカテゴリーは眼底疾患による失明で、緑内障、突発性後天性網膜変性症、視神経炎が該当する。第3のカテゴリーは視神経を含む中枢性の視覚経路障害による失明で、眼型肉芽腫性髄膜脳炎が該当する。眼付属器および強膜に障害が限局する疾患では視覚障害を認めない。

和文索引

【あ】
赤目　20
秋田犬　69
アザチオプリン　60、69、99
アジスロマイシン　77
圧入式眼圧計　37
圧平式眼圧計　37
アトピー　68
アトピー性眼瞼炎　68
アトピー性皮膚炎　79
アトロピン　48、80、95、109
アマクリン細胞　16
アミトラズ　68
アミノサリチル酸　80
アルドース還元酵素　112
α_1 遮断薬　103
α_2 作動薬　103
アレルギー性結膜炎　79
アレルギー（反応）
　　Ⅰ型（過敏症）　79
　　Ⅱ型　107
　　Ⅲ型　107
　　Ⅳ型　107
アンカリング法　50、72
暗順応　33、41
暗順応時間　41
暗所視　16

【い】
ERG検査　40、121、123
ERG波形　41
威嚇瞬目反応　32
移行上皮癌　110
異常睫毛　20、63、65
異所性睫毛　20、65
異所性睫毛切除術　49
遺伝性白内障　133
イトラコナゾール　79
犬アデノウイルス　76
犬伝染性肝炎　76
イベルメクチン　68
インドシアニングリーン　41
インドシアニングリーン蛍光眼底検査　42
インプラント　52

【う】
ウイルス性眼瞼炎　68
ウイルス性結膜炎　76
ウイルス性乳頭腫　100
ウイルス分離　77
ウォルフリング腺　8
ウサギヒフバエ　78
牛悪性カタル熱　108
牛伝染性角結膜炎　108
牛伝染性鼻気管炎　108
馬回帰性ぶどう膜炎　108

【え】
a波　41
栄養性白内障　113
壊疽性乳房炎　108
X線検査　39
エディンガー・ウェストファル核　17
Nd-YAGレーザー　53
エピネフリン　48
MRI検査　40
エリスロマイシン　77
エリテマトーデス　68
L-アスパラギナーゼ　140
L-リジン　77

【お】
op波　41
オキシグルタチオン　48
オキシテトラサイクリン　92

【か】
外顆粒層　14
外眼角　5

外眼角形成術　69
外眼角切開　49
外眼筋　14
外眼筋炎　60
外境界膜　14
開瞼器　43
開口困難　58
外傷性眼球脱出　60
外傷性眼球突出　60
疥癬　68
外側眼角挙筋　8
外側眼角後引筋　8
外側眼瞼くさび状切除術　49
外側膝状体　17
外側直筋　15
外転神経　17
解糖系　112
外麦粒腫　67
外網状層　14
潰瘍性角膜炎　88、92
下眼瞼　5
角強膜管錐術　51、103
角強膜穿孔術　51、103
角強膜転移術　95、96
角結膜炎　63
　　乾性角結膜炎　72、76、80
　　好酸球性角結膜炎　92
　　伝染性角結膜炎　92
核硬化症　114、115
拡散板　35
角膜　9
　　角膜実質　9
　　角膜上皮　9
　　角膜内皮　9
角膜異栄養症　97
角膜移植（術）　50、96
角膜壊死斑形成　92
角膜炎　88
　　潰瘍性角膜炎　88、92
　　間質性角膜炎　91
　　好酸球性角膜炎　92
　　色素性角膜炎　88、132

深部角膜炎　91
肉芽腫性実質性角膜炎　132
非潰瘍性角膜炎　88
表層性点状角膜炎　90
慢性表層性角膜炎　89
角膜潰瘍　76、92
　　間質角膜潰瘍　94
　　深部角膜潰瘍　94
角膜血管新生　21
角膜後面沈着物　108
角膜混濁　89、106
角膜色素沈着　21
角膜ジストロフィー　97
角膜実質　9
角膜周擁充血　21
角膜上皮　9
　　嚢胞変性　97
角膜切開術　95
　　格子状角膜切開術　50、95
　　点状角膜切開術　51、95
　　放射状角膜切開術　95
角膜穿孔　94
角膜線条痕　102
角膜内皮　9
角膜内皮細胞
　　接着接合　48
角膜内皮ジストロフィー　132
角膜内皮障害　114
角膜内皮変性　97
角膜熱変性術　106
角膜瘢痕化　78
角膜瘢痕形成　21
角膜反射　29
角膜表層切除術　50、96、97、98
角膜糜爛　97
角膜浮腫　21、102、106
角膜分離症　95、96
角膜変性症　97
過熟白内障　114
下垂体腺腫　132
滑車神経　17
褐色斑　96

カフ形成　109
カリシウイルス　76
カルシウム　48
カルシウム沈着　97
眼圧　37、102
眼圧計　37、102
眼圧測定　37
眼窩　14
眼窩気腫　62
眼窩血腫　62
眼窩腫瘍　62
眼窩静脈瘤　62
眼窩靱帯　14
眼窩動静脈瘻　62
眼窩内容除去術　49
眼窩嚢腫　62
眼窩膿瘍　59
眼窩蜂窩織炎　59
眼窩涙腺　8
眼球
　　　発生　2
眼球萎縮　22
眼球陥凹　58、59
眼球陥没　19、131
眼球結膜　8
眼球後引筋　15
眼球腫大　22
眼球脱出　19
眼球脱出整復術　49
眼球摘出（術）　49、104、111、123
眼球突出　19、58、59
眼球内容除去術　49、103
眼球癆　22、103、132
眼瞼炎　19、67
　　　アトピー性眼瞼炎　68
　　　ウイルス性眼瞼炎　68
　　　寄生虫性眼瞼炎　68
　　　原虫性眼瞼炎　68
　　　細菌性眼瞼炎　67
眼瞼外反（症）　19、63、64
　　　眼瞼外反矯正術　49
眼瞼下垂　131

眼瞼挙筋　15
眼瞼痙攣　20
眼瞼欠損症　135
眼瞼結膜　8
眼瞼再建術　49
眼瞼腫瘤切除術　49
眼瞼内反（症）　19、63、82
　　　眼瞼内反矯正術　49
眼瞼反射　30
眼瞼縫合　50
眼瞼メラノーマ　138
間質角膜潰瘍　94
間質性角膜炎　91
眼振　58
杆錐層　14
乾性角結膜炎　72、76、80
間接蛍光抗体法　76
間接対光反射　30
杆体　14、121
眼痛　20
ガンツフィールド刺激装置　40
眼底検査　38、130
関電極　40
眼内炎
　　　術後眼内炎　107、114
眼内灌流液　48
眼内義眼　49、103
眼内内視鏡　52
眼内レンズ　47、114
　　　眼内レンズ挿入術　51
眼杯　2、4
眼杯裂　2
眼胞　2、4
顔面神経　17、29、30
眼輪筋　8
眼漏　75

【　き　】

キールボート　122
気管気管支炎　76
寄生虫性眼瞼炎　68
寄生虫性結膜炎　78

基底板　12
基底膜　9
偽乳頭浮腫　124
輝板　12
ギムザ染色　37
牛眼　22、102
球結膜　8
球後感染症　76
頬骨顔面神経　30
頬骨側頭神経　30
胸部脊髄分節　18
強膜　10
強膜炎　98
強膜実質　10
強膜充血　75
強膜静脈叢　10
強膜内シリコン義眼挿入術　49、103
強膜内層　10
局所 ERG　40
局所麻酔薬　39
極部白内障　113

【　く　】

隅角　10、38、101
隅角鏡　38
隅角検査　38
櫛状靱帯　10
クッシング症候群　81、123
クラウゼ腺　8
クラミジア性結膜炎　77
グラム染色　37
グリコサミノグリカン　101

【　け　】

経強膜毛様体光凝固術　52
蛍光眼底造影検査　41
形成不全（コロボーマ）　120
形態覚　32
血液 - 眼関門　107
血液 - 房水関門　12、107
血液 - 網膜関門　107
血管腫　110

血管肉腫　100、110
血管板　12
結節性肉芽腫性上強膜炎　98
結膜　8
結膜移植　50
結膜炎　20、75
　　アレルギー性結膜炎　79
　　ウイルス性結膜炎　76
　　寄生虫性結膜炎　78
　　クラミジア性結膜炎　77
　　好酸球性結膜炎　78
　　細菌性結膜炎　75
　　真菌性結膜炎　78
　　新生子結膜炎　78
　　マイコプラズマ結膜炎　77
　　濾胞性結膜炎　79
結膜円蓋　8
結膜下注射　90、92、99
結膜細胞診　75、77
結膜充血　20、21、58、59、75
結膜腫脹　20
結膜搔爬検査　76
結膜囊　8
結膜被覆術　50、95、96
　　島状結膜被覆術　50
　　全周結膜被覆術　50
　　中心橋状結膜被覆術　50、95
　　有茎結膜被覆術　50、95
結膜浮腫　20、75
結膜メラノーマ　138
牽引性網膜剥離　121
瞼球癒着　78
瞼結膜　8
捲縮輪　12
ゲンタマイシン　52、104
原虫性眼瞼炎　68
ケンネルコフ　76
原発開放隅角緑内障　101
原発性水晶体脱臼　133
原発性緑内障　101、133
原発閉塞隅角緑内障　101
瞼板筋　8

149

瞼板縫合術　69
顕微鏡手術　43
顕微鏡手術用器具　43
眩目反射　31

【　こ　】
抗ウイルス薬　92、96
抗炎症薬　82
抗炎症療法　110、114、119
光覚　16、32
高眼圧　101
交感神経　18
後極　10
抗菌剤　76、82、95
膠原線維　10
口腔内検査　59
虹彩　12
虹彩萎縮　22、105
虹彩・角膜角　10、101
虹彩根　12
虹彩嚢腫　106
虹彩嚢胞　106
虹彩毛様体炎　107
虹彩ルベオーシス　108
好酸球性角結膜炎　92
好酸球性角膜炎　92
好酸球性筋炎　59
好酸球性結膜炎　78
好酸球性肉芽腫　68
格子状角膜切開術　50、95
甲状腺機能低下症　81
抗真菌薬　68、79
高浸透圧利尿薬　103
高張グルタチオン　98
高張食塩水　98、106
後嚢　10
後嚢下白内障　113
後発白内障　114
広汎照明法　35
後部ぶどう膜　12
後部ぶどう膜炎　107、109
後部ぶどう膜メラノーマ　138

後房　10
後方脱臼　115
後房レンズ　47
黒色腫　100、138
黒色斑　96
コラゲナーゼ　92
　　　コラゲナーゼ阻害剤　95
コリー眼異常　120
コリン作動性薬　82
コルチコステロイド　60、67、76、78、
　89、91、92、99、109、131
コロボーマ　120
コンタクトレンズ電極　41
コンドロイチン硫酸　82

【　さ　】
サーカディアン・リズム　16
細菌性眼瞼炎　67
細菌性結膜炎　75
細菌培養　75、110
細隙灯顕微鏡　35
　　　細隙灯顕微鏡検査　35
細胞質内封入体　76、77
細胞診　37、77
杯細胞　8
三叉神経　17、29、30
三叉神経眼枝　18
三叉神経節　76
散瞳薬　48
霰粒腫　67

【　し　】
CT検査　40
ジオプター　47
紫外線　89
視蓋前核　17
視覚　32
　　　伝達経路　17
視覚試験　32、33
視覚障害　33、101、131
　　　症候性視覚障害　132
　　　無症候性視覚障害　132

150

視覚喪失　101
視覚誘発電位　41
自家血清　95
耳下腺管転移術　82
色覚　32
色素性角膜炎　88、132
色素沈着　88
シクロスポリン　69、82、89、91、92、
　　97、99
シクロホスファミド　140
視交叉　17
視細胞　14
視細胞層　14
視索　17
脂質ジストロフィー　98
脂質性フレア　21
脂質層　8
脂質沈着　97
視床下部　18
視診　29、59
持針器　45
視神経　14、17
視神経炎　22、130、132
　　特発性視神経炎　131
視神経乳頭　14、124
　　陥凹　102
　　蒼白化　121
　　浮腫　123
視神経浮腫　123
ジステンパー　76、81
実質性脂質角膜症　98
視物質　14
視放線　17
島状結膜被覆術　50
斜視　19、58
シャントチューブ　47、52
　　シャントチューブ設置術　52、103
羞明　20
縮瞳　22、30、108、131
縮瞳薬　48
樹枝状潰瘍　76
術後眼内炎　107、114

主流出路　101
瞬膜　8、18
　　外転　72
瞬膜切除術　50
瞬膜腺　8
瞬膜腺整復術　50
瞬膜腺脱出　20、71
瞬膜突出　20、58、59、71、131
瞬膜被覆術　50
瞬目反応　29、30、31、32
漿液性網膜剥離　121
上顎神経　30
小角膜症　136
上眼瞼　5、18
上眼瞼挙筋　8
上強膜　10
上強膜炎　98
　　結節性肉芽腫性上強膜炎　98
　　単純上強膜炎　98
上強膜充血　21
小虹彩輪　12
症候性視覚障害　132
硝子体　12
硝子体液化　118
硝子体腔　12
硝子体混濁　118
硝子体シネレシス　118
硝子体手術　122
硝子体出血　22、118、132
硝子体動脈遺残　117
小水晶体　136
常存電位　40
小帯線維　12
消毒薬　47
上皮ジストロフィー　97
上脈絡膜腔　10
睫毛　5
睫毛筋　8
睫毛重生　20、65
睫毛乱生　20、65
小涙点　82
触診　29、59

151

初発白内障　113
シリコンボール　47、49
視力　32
シルマー涙液試験　34、81、82
視路　32
脂漏症　68
真菌性結膜炎　78
深頸括約筋　8
神経節細胞　16
神経節細胞層　14
神経線維層　14
進行性杆体-錐体変性　121
進行性網膜萎縮症　134
進行性網膜変性症　121
人獣共通感染症　77
新生子結膜炎　78
身体検査　29
深部角膜炎　91
深部角膜潰瘍　94
振幅　41

【　す　】
水晶体　10
水晶体亜脱臼　22、115
水晶体核　12
水晶体起因性（水晶体原性）ぶどう膜炎　114
水晶体血管膜過形成遺残　117、132
水晶体欠損　136
水晶体原基　2
水晶体小嚢　5
水晶体上皮　12
水晶体小胞　5
水晶体脱臼　22、115
水晶体嚢　10
水晶体嚢外摘出術　51
水晶体嚢内摘出術　51、116
水晶体板　2、4
水晶体皮質　12
水層　8
錐体　14、121
錐体-杆体変性　121

スイッチフラップ法　49
水頭症　132
水平細胞　16
水疱性角膜症　97、106
ステロイド　68、69、82、110、119、124
ストロンチウム 90　89、90
スリット光　35
スリットランプ顕微鏡　35
スルファメトキサゾール　80

【　せ　】
成熟白内障　114
星状硝子体（症）　22、118
生体染色検査　37
赤道部　10
節後性神経線維　18
節後性ホルネル症候群　131
鑷子　43
節前性神経線維　18
節前性ホルネル症候群　131
Z型皮弁形成術　49
線維素溶解薬　48
線維柱帯網　10
線維柱帯流出路　10、101
線維肉腫　100
閃輝性硝子体融解　118
前極　10
前頸部神経節　18
全周結膜被覆術　50
全身性高リポタンパク血症　97
全層性角膜移植術　98
先天性遺伝性眼疾患　133
先天性遺伝性白内障　133
剪刃　44
前頭神経　30
前嚢　10
前嚢下白内障　113
潜伏感染　76
全ぶどう膜炎　107
前部ぶどう膜　12
前部ぶどう膜炎　107

前部ぶどう膜メラノーマ　138
前房　10
前房インプラント　47、52
前房出血　21、109
前房穿刺　51、103
前方脱臼　115
前房蓄膿　21、108、110
前房フレア　21、108
前房レンズ　47

【　そ　】
早期発症型網膜変性症　121
双極細胞　16
増殖性視神経症　124
続発性緑内障　101
組織球腫　100
組織プラスミノーゲンアクティベーター
　　48
咀嚼筋炎　59
ソフトコンタクトレンズ　95
ソルビトール　112
ソルビトール回路　112

【　た　】
ダークスポット　35
第一次硝子体　5
第一次硝子体過形成遺残
　　117、132、133
大虹彩輪　12
対光反射　17、30
第三眼瞼　8
第三眼瞼腺　8
第三眼瞼腺脱出　20、71
第三眼瞼突出　20、71、131
第三眼瞼軟骨　8
代謝性浸潤　97
代謝性毒素性網膜症　123
第二次硝子体　5
多飲多尿　123
タクロリムス　82
タッキングスーチャー法　49
タペタム　12

タペタム野　12
タペタム領域　12
炭酸ガスレーザー　67
炭酸水素ナトリウム　10
炭酸脱水酵素　10、101
炭酸脱水酵素阻害薬　103
単純上強膜炎　98
弾性　48

【　ち　】
チアミン欠乏症　132
チェリーアイ　20、71
遅発発症型網膜変性症　121
中間透光体　39
中間部ぶどう膜炎　107
中耳　18
中心橋状結膜被覆術　50、95
昼盲　33
超音波検査　39
超音波水晶体乳化吸引術　51、114
頂点潜時　41
長毛様体神経　18、30
直接照明法　35
直接対光反射　30
直像鏡検査　38
チン小帯　12
チンダル現象　21

【　つ　】
ツァイス腺　5、8、67

【　て　】
DNA検査　134
低眼圧　109
ディフューザー（拡散板）　35
デスメ膜　9
デスメ膜瘤　94
徹照法　35
テトラサイクリン　77
テノン嚢　5
点眼麻酔薬　34
電気焼灼術　67

電気分解療法　67
点状角膜切開術　51、95
伝染性角結膜炎　92
天疱瘡　68

【　と　】

動眼神経　17
動眼神経核　17
動眼神経節後線維　17
動眼神経節前線維　17
凍結手術　67、70
瞳孔　10
　　　　対光反射　16
瞳孔縁　12
瞳孔括約筋　12、17
瞳孔散大　22
瞳孔散大筋　12、18
瞳孔膜　105
瞳孔膜遺残　105
倒像鏡検査　38
糖尿病　81
糖尿病性白内障　112
動脈硬化　122
兎眼　58、69
ドキソルビシン　140
特発性視神経炎　131
突発性後天性網膜変性症　123、132
突発性後天性網膜変性症候群　123
凸レンズ　38
ドライ・アイ　80
トリメトプリム　80
ドルゾラミド　103
トロピカミド　48
豚脂様凝塊　108

【　な　】

内顆粒層　14
内眼角　5
内眼角形成術　69
内境界膜　14
内側眼角挙筋　8
内側直筋　15

内麦粒腫　67
内皮ジストロフィー　98
ナイフ　45
内網状層　14
ナイロン　46

【　に　】

肉芽腫性実質性角膜炎　132
肉芽腫性髄膜脳炎　124、132
ニューキノロン　78
乳腺癌　110
乳頭浮腫　22

【　ね　】

猫好酸球性角（結）膜炎　92
猫ヘルペスウイルス　81
猫ヘルペスウイルス1型　68、76、92
猫ヘルペスウイルス1型感染性結膜炎
　　76
猫免疫不全ウイルス　139
粘液層　8
粘液嚢胞　62
粘液溶解薬　82
粘性　48
粘弾性物質　48、114

【　の　】

脳回欠損　132
嚢外摘出術　114
嚢内摘出術　114
ノンタペタム
　　　ノンタペタム野　12
　　　ノンタペタム領域　12
ノンバルブタイプ　52

【　は　】

ハーダー腺　8
背頬筋　8
背側斜筋　15
背側直筋　15
ハウズ症候群　71
白鞘形成　122

白内障　22、106、112、132
　　　　遺伝性白内障　133
　　　　栄養性白内障　113
　　　　過熟白内障　114
　　　　極部白内障　113
　　　　後囊下白内障　113
　　　　後発白内障　114
　　　　初発白内障　113
　　　　成熟白内障　114
　　　　先天性遺伝性白内障　133
　　　　前囊下白内障　113
　　　　糖尿病性白内障　112
　　　　放射線性白内障　113
　　　　膨隆白内障　114
　　　　未熟白内障　114
　　　　モルガニー白内障　114
白斑　69
麦粒腫　67
　　　　外麦粒腫　67
　　　　内麦粒腫　67
パターンERG　40
バルブタイプ　52
半円型皮膚移植　49
反帰光線　36
反射亢進　121
反張式眼圧計　37
半導体レーザー　52
パンヌス　89
汎ぶどう膜炎　107

【 ひ 】

ヒアルロン酸　114
ヒアルロン酸ナトリウム　48、82
b波　41
Bモード　39
非潰瘍性角膜炎　88
皮脂腺腫　69
皮質盲　31
非選択的β遮断薬　103
非先天性遺伝性眼疾患　133
皮膚色素脱　69
飛蚊症　118

ピメクロリムス　82
鼻毛様体神経　30
表層性点状角膜炎　90
鼻涙管　8、9
鼻涙管狭窄　82
鼻涙管閉塞　82
鼻涙点　9
ピロカルピン　82、103
ピンクアイ　92
ビンクリスチン　140

【 ふ 】

V-Y縫合術　49、65
フェナゾピリジン　80
フェニレフリン　48
フォークト-小柳-原田様症候群
　　68、108
不関電極　40
副交感神経作動薬　103
腹側斜筋　15
腹側直筋　15
副流出路　101
ブドウ球菌　69
ぶどう膜　12
ぶどう膜炎　69、107
　　　　馬回帰性ぶどう膜炎　108
　　　　後部ぶどう膜炎　107、109
　　　　水晶体起因性（水晶体原性）ぶどう
　　　　　膜炎　114
　　　　全ぶどう膜炎　107
　　　　前部ぶどう膜炎　107
　　　　中間部ぶどう膜炎　107
　　　　汎ぶどう膜炎　107
ぶどう膜・強膜流出路　10、101
ぶどう膜囊腫　106
ぶどう膜囊胞　106
ぶどう膜皮膚症候群　108
ぶどう膜メラノーマ　138
フライバイト　118
フラッシュERG　40
プラットホーム　44
ブリンゾラミド　103

ブルーフィルター　36
フルオレセイン　41
　　フルオレセイン染色　36
　　フルオレセイン蛍光眼底造影検査
　　　42
フルオロキノロン　77
フルクトース　112
ブルッフ膜　12
プレドニゾン　140
プロスタグランジン関連薬　103
プロテアーゼ　92
プロテオグリカン　101

【 へ 】
平滑筋　18
閉塞隅角緑内障　102
$β_1$遮断薬　103
β線照射　89、90
ヘキソキナーゼ　112
ベルグマイスター乳頭　117
扁平上皮癌　100、139

【 ほ 】
縫合糸　46
放射状角膜切開術　95
放射線性白内障　113
房水　10、101
膨隆白内障　114
ポケット法　50、72
ホッツセルサス矯正術　64
ポリグラクチン910　46
ホルネル症候群　131
　　節後性ホルネル症候群　131
　　節前性ホルネル症候群　131

【 ま 】
マイコプラズマ　77
マイコプラズマ結膜炎　77
マイボーム腺　5、8、67
マイボーム腺腫　69
マイレン酸チモロール　103
慢性表層性角膜炎　89

マンツ腺　8
マンニトール　103

【 み 】
未熟白内障　114
ミッテンドルフ斑　117
脈絡上板　12
脈絡膜　12
脈絡膜炎　107
脈絡膜外層　12
脈絡毛細管板　12
脈絡網膜炎　107、132
ミュラー筋　8
ミュラー細胞　16
ミルベマイシン　68

【 む 】
無症候性視覚障害　132
無水晶体半月　115
ムチン　9

【 め 】
明所視　16
迷走交感神経幹　18
迷路試験　33
メチルセルロース　38、82
メラノーマ　110、138
　　眼瞼メラノーマ　138
　　結膜メラノーマ　138
　　後部ぶどう膜メラノーマ　138
　　前部ぶどう膜メラノーマ　138
　　ぶどう膜メラノーマ　138
　　輪部メラノーマ　138
メラノプシン　16、31
免疫介在性疾患　89
免疫調整剤　82
綿球落下試験　33

【 も 】
毛包虫　68
網膜　14
網膜下出血　122

網膜血管
　　　狭細化　121
網膜血管周囲細胞浸潤　109
網膜色素上皮層　14
網膜出血　22、122
網膜神経節細胞　31
網膜前出血　122
網膜電図検査　40、121
網膜内出血　122
網膜剥離　22、114、121、132
　　　牽引性網膜剥離　121
　　　漿液性網膜剥離　121
　　　裂孔原性網膜剥離　121
網膜剥離整復術　52
網膜復位術　122
網膜浮腫　109
網膜変性（症）　22、120、132
網脈絡膜炎　107
盲目　22、102
毛様充血　21、75、109
毛様体　12
　　　鋸状縁　12
　　　ひだ部　12
　　　扁平部　12
毛様体筋　10
毛様体色素上皮　12
毛様体小帯　12
毛様体神経節　17
毛様体腺癌　110
毛様体腺腫　110
毛様体突起上皮細胞　10
毛様体破壊術　52
毛様体光凝固術　52、103
毛様体無色素上皮　12、101
毛様体無色素上皮細胞　10
毛様体冷凍凝固術　52
モルガニー白内障　114
モル腺　5、8、67
問診　28

【　や　】
薬剤過敏症　68

薬剤感受性試験　75
夜盲　33

【　ゆ　】
有茎結膜被覆術　50、95

【　よ　】
ヨドプシン　14

【　ら　】
ラタノプロスト　103

【　り　】
リーシュマニア　68
リステアリ症　108
リバウンド式眼圧計　37
流涙　20
緑内障　101、114
　　　原発開放隅角緑内障　101
　　　原発性緑内障　101、133
　　　原発閉塞隅角緑内障　101
　　　続発性緑内障　101
　　　閉塞隅角緑内障　102
リンパ腫　100、110、139
リンパ肉腫　100
輪部　10
輪部メラノーマ　138

【　る　】
涙液
　　　涙液刺激薬　82
　　　涙液代用薬　82
涙液層　8
　　　涙液層破壊時間　34
涙器　8
涙小管　9
涙腺　8
涙腺神経　30
涙腺囊胞　82
涙点　9
涙点プラグ　82
涙点閉鎖　82

類皮腫　137

【 れ 】
レーザー照射　122
レオウイルス　76
裂孔原性網膜剥離　121
レッドアイ　20

【 ろ 】
ローズベンガル染色　37
ロドプシン　14
濾胞形成　79
濾胞性結膜炎　79

【 わ 】
Y-V縫合術　64

英文索引

【A】

abducens nerve 17
accessary organ of the eye 5
adenovirus 92
adherens junction 48
allergic conjunctivitis 79
amacrine cell 16
anterior capsule 10
anterior chamber 10
anterior chamber centesis 51
anterior chamber shunt 52
anterior epithelium of the cornea 9
anterior limiting membrane 9
anterior pole 10
anterior uvea 12
antibacterial agent 89
antiviral agent 92
aqueous flare 21
aqueous humor 10
aqueous layer 8
asteroid hyalosis 22、118
atropine 95

【B】

BAB 107
bacterial conjunctivitis 75
basal iris 12
basement membrane 9
bent cartilage 72
bipolar cell 16
blepharitis 19、67
blepharospasm 20
blindness 22
blood-aqueous barrier 12、107
blood-retinal barrier 107
BRB 107
Bruch's membrane 12
bulbar conjunctiva 8
bullous keratopathy 97
buphthalmia 22
buphthalmos 22、102
BUT 35

【C】

calcium deposition 97
cataract 22、112
CAV-1 76
CAV-2 76
CEA 120
cellular tapetum 12
central retinal artery 5
central retinal vein 5
cervical sympathetic pathway 18
chalazion 67
chemosis 20
cherry eye 20、72
chlamydial conjunctivitis 77
Chlamydophila felis（*C. felis*） 77
choked disc 22
choriocapillaris 12
choroid 12
chronic superficial keratitis 89
cilia 5
ciliary artery 10
ciliary body 12
ciliary flush 21
ciliary ganglion 17
ciliary muscle 8、10
ciliary process 12
ciliary zone 12
ciliary zonule 12
circadian rhythm 16
collagen fiber 10
collagenase 92
collarette 12
Collie eye anomaly 120
coloboma of the lens 136
cone 14
cone-rod degeneration 1 121
conjunctiva 8

conjunctival flap　50、95
conjunctival graft　50、95
conjunctival hyperemia　20
conjunctival sac　8
conjunctivitis　20、75
conventional outflow　10
cornea　9
corneal degeneration　97
corneal diathermy　106
corneal dystrophy　97
corneal edema　21
corneal erosion　97
corneal graft　96
corneal opacity　89
corneal perforation　94
corneal pigmentation　21
corneal protectant　89
corneal reflex　29
corneal scarring　21
corneal sequestration　96
corneal transplant　96
corneal ulcer　92
corneal vascularization　21
corneoscleral transposition　96
corneoscleral trephination　51、103
correction of ectropion　49
correction of entropion　49
correction of proptosis　49
corticosteroid　89
cotton ball test　33
cranial cervical ganglion　18
cranial nerve (CN) Ⅱ　17
cranial nerve (CN) Ⅲ　8、17
cranial nerve (CN) Ⅳ　17
cranial nerve (CN) Ⅴ　8、17
cranial nerve (CN) Ⅵ　17
cranial nerve (CN) Ⅶ　8、17
cuffing　122
cupping　102
Cuterebra sp.　78
cyclocryotherapy　52
cyclocryothermy　52

cyclodestructive procedure　52
cyclophotocoagulation　52、103
cyclosporine　89
cytodiagnosis　37

【　D　】

dazzle reflex　31
deep corneal ulcer　94
deep keratitis　91
dermoid　137
descemetocele　94
Descemet's membrane　9
diaphanoscopy　35
diffuse illumination　35
dilator muscle of the pupil　12、18
dipotassium ethylenediamine tetra acetate　97
direct illumination　35
direct pupillary light reflex　30
distichiasis　20、65
dorsal oblique muscle　15
dorsal rectus muscle　15

【　E　】

ectopic cilia　20、65
ectropion　19、64
Edinger-Westphal nucleus　17
EDTA 2K　97
electroretinogram　40
endothelial degeneration　97
endothelial dystrophy　98
endothelium　9
enophthalmos　19
entropion　19、63
enucleation　49、104
eosinophilic conjunctivitis　78
eosinophilic keratitis　92
eosinophilic keratoconjunctivitis　92
eosinophilic myositis　59
epiphora　20
episclera　10
episcleral hyperemia　21

episcleritis   98
episclerokeratitis   98
epithelial cystic degeneration   97
epithelial dystrophy   97
epithelium   9
equator   10
equator bulbi oculi   10
evisceration with an intraocular prosthesis   49、103
excision of eyelid mass   49
excision of the nictitating membrane   50
exophthalmos   19
external canthus   5
external limiting membrane   14
extracapsular cataract〈lens〉extraction   51、114
extraocular muscle   14
extraocular myositis   60
eye ball   2
eye speculum   43
eyelash disorders   20
eyelid   5
eyelid coloboma   135
eyelid reflex   30

【 F 】
facial nerve   8、17
feline herpesvirus 1／FHV-1   68、69、76、92、96
fibrinolytics   48
fibrosarcoma   100
fibrous tapetum   12
fluorescein fundus angiography   42
fluorescein staining test   36
fly bite   118
foldable IOL   51
follicular conjunctivitis   79
forceps   43
forebrain   2
fornix   8
fundus angiography   41

funduscopy   38
fungal conjunctivitis   78

【 G 】
ganglion cell   16
ganglion cell layer   14
Ganzfeld   40
gland of the nictitating membrane   8
gland of the third eyelid   8
glaucoma   101
GME   124
goblet cell   8
gonioscope   38
gonioscopy   38
granulomatous meningoencephalitis   124
grid keratotomy   50、95

【 H 】
Haab's striae   102
Harderian gland   8
hemangiosarcoma   100
histiocytoma   100
hordeolum   67
horizontal cell   16
Horner's syndrome   131
Hotz-Celsus   64
hyaloid artery   5
hyperemia   20
hypermature cataract   114
hyphema   21、109
hypopyon   21、110
hypothalamus   18

【 I 】
IFA   76、77
immature cataract   114
immune-mediated disease   89
immunosuppressive agent   89
impaired vision   132
implantation of a filtering device   52
incipient cataract   113

indirect pupillary light reflex　30
indocyanine green fundus angiography
　　42
infectious bovine rhinotracheitis virus
　　92
infectious keratoconjunctivitis　92
inner granular layer　14
inner limiting layer　14
inner plexiform layer　14
inner zone of the sclera　10
internal canthus　5
internal limiting membrane　14
interstitial keratitis　91
intracapsular cataract〈lens〉extraction
　　51、114
intraocular irrigating solution　48
intraocular lens　47
intraocular pressure　37、102
intrascleral silicone prosthesis　49、103
iodopsin　14
IOL　47
IOP　37、102
iridocorneal angle　10
iris　12
iris atrophy　22、105
iris cyst　106
iris root　12

【 K 】
KCS　72、80
keratitis　88
keratoconjunctivitis sicca　80
keratotomy　95
knife　45
Krause gland　8
Kuhnt-Helmbold　49、65
Kuhnt-Szymanowski　49、65

【 L 】
lacrimal apparatus　8
lacrimal canaliculus　9
lacrimal gland　8

lagophthalmos　69
lamina fusca　10
lateral canthotomy　49
lateral geniculate body　17
lateral rectus muscle　15
layer of the optic nerve fiber　14
Leishmania infantum　68
lens　10
lens capsule　10
lens cortex　12
lens epithelium　12
lens-induced uveitis　114
lens luxation　22、115
lens nucleus　12
lens placode　2
lens subluxation　22、115
lens vesicle　5
levator anguli oculi medialis muscle　8
lid margin　5
limbus　10
limbus of the cornea　10
lipid deposition　97
lipid dystrophy　98
lipid flare　21
lipid layer　8
LIU　114
long ciliary nerve　18
lower lid　5
lower punctum　9
lymphoma　100、139
lymphosarcoma　100、139

【 M 】
malaris muscle　8
Manz gland　8
masticatory myositis　59
mature cataract　114
medial rectus muscle　15
Meibomian gland　5
melanoma　100、138
melanopsin　16
menace response　32

metabolic infiltrate   97
microcornea   136
microphakia   136
miosis   22
miotics   48
Moll gland   5、67
Moraxella bovis   92
mucous layer   8
Müller cell   16
Müller's muscle   8
Mycoplasma arginini   77
Mycoplasma bovoculi   92
mycoplasma conjunctivitis   77
Mycoplasma felis   77
Mycoplasma gatae   77
mycotic conjunctivitis   78
mydriasis   22
mydriatics   48

【 N 】
Na^+-K^+ ATPase   10
$NaHCO_3$ 10
nasal punctum   9
nasolacrimal duct   8
nasolacrimal duct obstruction   82
necrotic plaque   96
needle holder   45
neonatal conjunctivitis   78
neonatal ophthalmia   69
nerve roots   18
neural fold   2
neural groove   2
neural tube   2
NGE   98
nictitating membrane   8
nictitating membrane flap   50
nodular granulomatous episcleritis   98
nontapetum   12
nonulcerative keratitis   88
nuclear sclerosis   115

【 O 】
obstacle course test   33
occipital visual cortex   17
oculomotor nerve   8、17
oculomotor nucleus   17
ophthalmalgia   20
ophthalmia neonatorum   69
optic chiasm   17
optic cup   2
optic disc   14
optic disc edema   123
optic fissure   2
optic nerve   14、17
optic nerve fiber layer   14
optic neuritis   22、130
optic pathway   17
optic radiation   17
optic tract   17
optic vesicle   2
ora serrata   12
orbicularis muscle   5
orbit   14
orbital abscess   59
orbital cellulitis   59
orbital evisceration   49
orbital lacrimal gland   8
orbital ligament   14
orbital tumor   62
outer granular layer   14
outer limiting layer   14
outer plexiform layer   14
oxytetracycline   92

【 P 】
palpebral conjunctiva   8
pannus   89
papilledema   22、123
parasitic conjunctivitis   78
pars plana   12
pars plicata   12
PCR   76、77
pectinate ligament   10

pericorneal flush 21
persistent hyaloid artery 117
persistent hyperplastic primary
　　vitreous 117
persistent hyperplastic tunica vasculosa
　　lentis 117
persistent pupillary membrane 105
phacoemulsification and aspiration
　　51、114
photophobia 20
photoreceptor cell 14
photoreceptor layer 14
PHPV 117
phthisis bulbi 22
PHTVL 117
physical examination 29
pigment cell layer 14
pigmentary keratitis 88
pink eye 92
placement of a shunt tube 103
placement of an IOL 51
plaque 96
PLR 16、17、30
posterior capsule 10
posterior chamber 10
posterior epithelium of the cornea 9
posterior limiting membrane 9
posterior pole 10
posterior uvea 12
postganglionic neuron 18
postganglionic parasympathetic neuron
　　17
PRA 121
preganglionic neuron 18
preganglionic parasympathetic neuron
　　17
pretectal nucleus 17
primary cerebral vesicle 2
primary closed angle glaucoma 101
primary glaucoma 101
primary open angle glaucoma 101
primary vitreous 5

progressive retinal atrophy 121
progressive rod-cone degeneration
　　121
prolapse of the gland of the third eyelid
　　71
prolapsed gland of the third eyelid 20
proper substance of the cornea 9
proptosis 19
protease 92
protrusion of the nictitating membrane
　　20、71
punctate keratotomy 51、95
pupil 10
pupillary light reflex 16、30
pupillary margin 12
pupillary zone 12

【 R 】
radiant keratotomy 95
reconstructive blepharoplasty 49
red eye 20
resection of ectopic distichiasis 49
retina 14
retinal degeneration 22、120
retinal detachment 22、121
retinal hemorrhage 22、122
retinal pigment epithelium 14
retractor anguli oculi muscle 8
retractor bulbi muscle 15
rhodopsin 14
rod 14
rose bengal staining test 37

【 S 】
SARD 123
　　SARD syndrome 123
　　SARDS 123
scar formation 21
Schirmer tear test 34
scissors 44
sclera 9
sclera proper 10

scleritis   98
sclerovenous plexus   10
secondary glaucoma   101
simple episcleritis   98
slit-lamp microscopy   35
snow banking   109
sphincter colli profundus muscle   8
sphincter muscle of the pupil   12
squamous cell carcinoma   100、139
strabismus   19
strictura ductus nasolacrimalis   82
stromal corneal ulcer   94
stromal lipid keratopathy   98
stroma   9
STT   34
subconjunctival injection   90
sudden acquired retinal degeneration（SARD）   123
superficial keratectomy   50、89
superficial punctate keratitis   90
superior levator muscle   15
superior palpebral levator muscle   8
suprachoroid   12
suprachoroidal lamina   12
suprachoroidal space   10
surgical procedure for retinal detachment   52
surgical replacement of the prolapsed gland of the nictitating membrane   50
swollen conjunctiva   20
sympathetic nerve   18
synchysis scintillans   118
syneresis   118

【 T 】
tapetum   12
tarsal gland   5
tarsal muscle   5
tarsorrhaphy   50
tear film   8
tear film breakup time   35

Thelazia californiensis   78
thermokeratoplasty   106
third eyelid   8
third eyelid protrusion   20
thoracic spinal segments   18
trabecular meshwork   10
transscleral laser cyclophotocoagulation   52
traumatic exophthalmos   60
traumatic proptosis   60
trichiasis   20、65
trigeminal nerve   8、17
trochlear nerve   17

【 U 】
ulcerative keratitis   88
ultrasonography   39
unfoldable IOL   51
upper lid   5
upper punctum   9
Ureaplasma spp.   92
uvea   12
uveal cyst   106
uveitis   107
uveoscleral outflow   10

【 V 】
vagosympathetic trunk   18
vascular tunica of the eyeball   5
ventral oblique muscle   15
ventral rectus muscle   15
VEP   41
vessel layer   12
viral conjunctivitis   76
viral papilloma   100
viscoelastics   48
visual cell   14
visual cell layer   14
visual evoked potential   41
visual impairment   131
vitreal hemorrhage   22
vitreous body   12

vitreous cavity　12
vitreous hemorrhage　118
vitreous liquefaction　118
Vogt-Koyanagi-Harada syndrome　68

【　W　】
Wolfring gland　8

【　X　】
X-ray examination　39

【　Z　】
Zeis gland　5、67
zonular fiber　12

獣医学教育モデル・コア・カリキュラム準拠

眼科学

2015年 1月 9日　第1版第1刷発行
2025年 4月25日　第1版第3刷発行

編　者　　長谷川貴史　印牧信行
著　者　　長谷川貴史　前原誠也　金井一享　余戸拓也　印牧信行　（執筆章順）

発行者　　太田宗雪
発行所　　株式会社 EDUWARD Press（エデュワードプレス）
　　　　　〒194-0022　東京都町田市森野 1-24-13 ギャランフォトビル 3 階
　　　　　編集部：Tel. 042-707-6138 / Fax. 042-707-6139
　　　　　販売推進課（受注専用）：Tel. 0120-80-1906 / Fax. 0120-80-1872
E-mail　　info@eduward.jp
Web Site　https://eduward.jp（コーポレートサイト）
　　　　　https://ec.eduone.jp/（オンラインショップ）

カバー・本文デザイン　　飯岡えみこ
本文イラスト　　　　　　河島正進（KIP 工房）

組版　　　有限会社アーム
印刷・製本　株式会社シナノパブリッシングプレス

©Takashi Hasegawa　Seiya Maehara　Kazutaka Kanai　Takuya Yogo　Nobuyuki Kanemaki
2015 Printed in Japan
ISBN 978-4-89995-824-6 C3047

乱丁・落丁本は、送料弊社負担にてお取り替えいたします。
本書の内容に変更・訂正などがあった場合には、上記の弊社コーポレートサイトの「SUPPORT」に掲載しております正誤表でお知らせいたします。
本書を無断で複製する行為は、「私的使用のための複製」など著作権法上の限られた例外を除き禁じられています。大学、動物病院、企業などにおいて、業務上使用する目的（診療、研究活動を含む）で上記の行為を行うことは、その使用範囲が内部的であっても、私的使用には該当せず、違法です。また、私的使用に該当する場合であっても、代行業者などの第三者に依頼して上記の行為を行うことは違法となります。